全国高等职业教育规划教材

EDA 基础与应用

主　编　于润伟
副主编　朱晓慧
参　编　黄一平　张晓峰　吕 燕

机 械 工 业 出 版 社

本书从初学者的角度出发，介绍了EDA技术的基础知识、EDA开发软件QuartusⅡ的使用方法、VHDL硬件描述语言的语法规则，针对EDA技术的特点，通过设计编码器、计数器、分频器、存储器、电子密码锁、智力竞赛抢答器等典型电路，从入门、熟练、应用和发展四个层次来阐述EDA技术，使读者感到易学、易懂。书中所有程序均在EDA开发平台上通过调试。

本书注重精讲多练、先进实用，可作为高职高专院校应用电子技术、电子信息技术等专业的教材，也可作为相关技术人员的入门参考书。

图书在版编目（CIP）数据

EDA基础与应用 / 于润伟主编．—北京：机械工业出版社，2009.11
（全国高等职业教育规划教材）
ISBN 978-7-111-28854-1

Ⅰ．E…　Ⅱ．于…　Ⅲ．电子电路－计算机辅助设计－高等学校：技术学校－教材　Ⅳ．TN702

中国版本图书馆CIP数据核字（2009）第194103号

机械工业出版社（北京市百万庄大街22号　邮政编码100037）
责任编辑：王　颖
责任印制：杨　曦
保定市中画美凯印刷有限公司印刷

2010年1月第1版·第1次印刷
184mm×260mm·11.75印张·284千字
0001－4000册
标准书号：ISBN 978-7-111-28854-1
定价：22.00元

凡购本书，如有缺页、倒页、脱页，由本社发行部调换

电话服务
社服务中心：（010）88361066
销 售 一 部：（010）68326294
销 售 二 部：（010）88379649
读者服务部：（010）68993821

网络服务
门户网：http://www.cmpbook.com
教材网：http://www.cmpedu.com

全国高等职业教育规划教材
电子技术专业编委会成员名单

出 版 说 明

根据《教育部关于以就业为导向深化高等职业教育改革的若干意见》中提出的高等职业院校必须把培养学生动手能力、实践能力和可持续发展能力放在突出的地位，促进学生技能的培养，以及教材内容要紧密结合生产实际，并注意及时跟踪先进技术的发展等指导精神，机械工业出版社组织全国近60所高等职业院校的骨干教师对在2001年出版的“面向21世纪高职高专系列教材”进行了全面的修订和增补，并更名为“全国高等职业教育规划教材”。

本系列教材是由高职高专计算机专业、电子技术专业和机电专业教材编委会分别会同各高职高专院校的一线骨干教师，针对相关专业的课程设置，融合教学中的实践经验，同时吸收高等职业教育改革的成果而编写完成的，具有“定位准确、注重能力、内容创新、结构合理和叙述通俗”的编写特色。在几年的教学实践中，本系列教材获得了较高的评价，并有多个品种被评为普通高等教育“十一五”国家级规划教材。在修订和增补过程中，除了保持原有特色外，针对课程的不同性质采取了不同的优化措施。其中，核心基础课的教材在保持扎实的理论基础的同时，增加实训和习题；实践性较强的课程强调理论与实训紧密结合；涉及实用技术的课程则在教材中引入了最新的知识、技术、工艺和方法。同时，根据实际教学的需要对部分课程进行了整合。

归纳起来，本系列教材具有以下特点：

1）围绕培养学生的职业技能这条主线来设计教材的结构、内容和形式。

2）合理安排基础知识和实践知识的比例。基础知识以“必需、够用”为度，强调专业技术应用能力的训练，适当增加实训环节。

3）符合高职学生的学习特点和认知规律。对基本理论和方法的论述容易理解、清晰简洁，多用图表来表达信息；增加相关技术在生产中的应用实例，引导学生主动学习。

4）教材内容紧随技术和经济的发展而更新，及时将新知识、新技术、新工艺和新案例等引入教材。同时注重吸收最新的教学理念，并积极支持新专业的教材建设。

5）注重立体化教材建设。通过主教材、电子教案、配套素材光盘、实训指导和习题及解答等教学资源的有机结合，提高教学服务水平，为高素质技能型人才的培养创造良好的条件。

由于我国高等职业教育改革和发展的速度很快，加之我们的水平和经验有限，因此在教材的编写和出版过程中难免出现问题和错误。我们恳请使用这套教材的师生及时向我们反馈质量信息，以利于我们今后不断提高教材的出版质量，为广大师生提供更多、更适用的教材。

机械工业出版社

前　　言

计算机技术和电子技术的不断发展给数字系统的设计方法带来了全新的变革，基于EDA（电子设计自动化）技术的设计方法正在成为现代数字系统设计的主流。电子工程技术人员利用可编程逻辑器件和EDA开发软件，使用硬件描述语言就可以设计出所需的数字系统，减少了开发成本和开发时间。

高职高专以就业为导向、以职业能力培养为主体的指导思想，必然要把教学重点从以逻辑门和触发器等通用器件为载体、以真值表和逻辑方程为表达方式、以手工调试的传统数字电路设计方法向以可编程逻辑器件为载体、以硬件描述语言为表达方式、以EDA技术为调试手段的现代数字系统设计方法转换。针对EDA技术的特点和发展趋势，本书介绍了EDA技术的基础知识、EDA开发软件QuartusⅡ的使用方法、VHDL硬件描述语言的语法规则，通过设计编码器、计数器、分频器、存储器、电子密码锁、智力竞赛抢答器等典型电路，由浅入深、循序渐进地学习EDA技术。全书共分为以下6章：

第1章主要讲解EDA技术的特点和内涵，可编程逻辑器件和数字电路的基础知识，将传统的数字电子技术与现代数字系统设计方法相衔接，保持知识的连贯性，使读者对EDA技术有所认识。

第2章通过具体的设计项目，讲解EDA软件QuartusⅡ9.0的获得、安装和使用方法，展示了利用EDA软件对数字系统进行编辑、编译和仿真的全部过程，读者能够了解QuartusⅡ9.0的功能，并学会使用。

第3章主要讲解VHDL硬件描述语言的数据结构和语法规则，通过一些简单的实例来说明其程序结构和编写特点，读者能够认识和分析简单的VHDL程序。

第4章通过设计数据比较器、加法器、编码器、计数器和寄存器等电路，学习数字系统的设计方法和步骤，熟练使用QuartusⅡ9.0，读者能够学会设计文件的编辑、编译、波形仿真和编程下载的全部过程。

第5章通过设计分频器、按键输入电路、数码显示电路和存储器等典型单元电路，学习VHDL程序设计，学会使用硬件描述语言设计数字系统的工作流程，使读者具有初步设计能力，能够编写简单的程序。

第6章作为综合实训，由数字频率计、篮球比赛24秒计时器、节日彩灯控制器、电子密码锁和智力竞赛抢答器组成，通过相对复杂的设计项目，从不同的层面展示各种设计思路和方法。

本书由黑龙江农业工程职业学院于润伟任主编，黑龙江农业工程职业学院朱晓慧任副主编，黑龙江农业工程职业学院张晓峰、北京信息职业技术学院黄一平、吕燕参与了编写，全书统稿工作由于润伟完成。

由于编者水平有限，对一些问题的理解和处理难免有不当之处，衷心希望使用本书的读者批评指正。

为了配合教学，本书提供了电子教案，读者可在机械工业出版社教材网www.cmpedu.com下载。

编　者

目　录

第1章 绪 论

本章要点

- EDA 技术的内涵
- 逻辑门电路和触发器
- 逻辑电路的分析与设计
- Altera 公司的可编程逻辑器件

1.1 认识 EDA 技术

EDA（Electronic Design Automation）就是电子设计自动化。采用 EDA 技术设计数字系统通常需要将系统分成若干层，采用自顶向下的层次设计方法，设计者只需要将每一层次的系统结构和功能描述出来，并编辑输入到 EDA 软件即可，其他工作则由 EDA 软件自动完成，这样极大地简化了设计工作，提高了效率，适用于小批量产品开发，也适用于大批量产品的样品研制，因此得到了越来越广泛的应用。

1.1.1 发展历史

EDA 技术与电子技术各学科领域的关系密切，其发展历史同大规模集成电路设计技术、计算机技术、电子设计技术和电子制造工艺的发展是同步的，可大致将 EDA 技术的发展历史分为以下 4 个阶段：

1．计算机辅助设计（CAD）

20 世纪 70 年代，计算机作为一种运算工具已在科研领域得到广泛应用，在集成电路制作方面，可编程逻辑技术及其器件已经问世，人们开始将产品设计过程中具有高度重复性的工作（例如画图、布线等工作），用图形处理软件工具 CAD 代替，其中具有代表性的工具是美国 Accel 公司开发的 Tango 布线软件。但由于布线、画图软件受到当时计算机工作平台的限制，其性能一般，支持的工程也有限。

2．计算机辅助工程设计（CAED）

20 世纪 80 年代，集成电路设计进入了 CMOS（互补场效应管）时代，复杂可编程逻辑器件已进入商业应用，相应的辅助设计软件也已投入使用，出现了具有自动综合能力的 CAED 工具。在印刷电路板设计方面能够完成逻辑图输入、自动布局、布线和印刷电路板性能分析等功能；在数字系统设计方面能够完成逻辑设计、逻辑仿真、逻辑方程综合和化简等功能。在 20 世纪 80 年代末，特别是各种硬件描述语言的出现，为电子设计自动化解决了电路建模、标准文档及仿真测试等问题。但是 CAED 阶段的软件工具是从逻辑图出发，设计数字系统必须提供具体的元件图形，制约了优化设计，难以适应复杂的数字系统设计。

3．电子设计自动化（EDA）

20 世纪 90 年代，集成电路设计工艺步入了超深亚微米阶段，集成百万个逻辑门以上的大规模可编程逻辑器件陆续面世，以及基于计算机技术、面向用户、低成本大规模 ASIC（专用集成电路）设计技术的应用，促进了 EDA 技术的形成。各大电子器件公司对于兼容各种硬件实现方案和支持标准硬件描述语言的 EDA 工具软件的研究，有效地将 EDA 技术推向成熟。这个阶段发展起来的 EDA 工具，目的是在设计前期将设计师从事的许多高层次设计工作由软件工具完成，可以将用户的要求转换为设计技术规范，能够有效地解决可用的设计资源与理想设计目标之间的矛盾，按具体的硬件、软件和算法分解设计等。

4．可编程片上系统（SOPC）

进入 21 世纪后，随着达数百万门高密度可编程逻辑器件的出现，系统设计者能够将整个数字系统实现在一个可编程逻辑芯片上，EDA 工具是以系统级设计为核心，包括系统行为级描述与结构综合、系统仿真与测试验证、系统划分与指标分配、系统决策与文件生成等一整套的电子系统设计自动化工具。这时的 EDA 工具不仅具有电子系统设计能力，而且能提供独立于工艺和厂家的系统级设计能力，具有高级抽象的设计构思手段。

1.1.2 EDA 技术的特点

传统的数字电子系统或集成电路设计中，手工设计占了较大的比例，复杂电路的设计和调试工作变得十分困难，另外设计实现过程与具体生产工艺直接相关，因此可移植性很差，而且只有在设计出样机或生产出芯片后才能进行实测，如果某一过程存在错误，查找和修改十分不便。与手工设计相比，EDA 技术有如下特点：

1．采用自顶向下设计方案

从电子系统设计的方案上看，EDA 技术最大的优势就是能将所有设计环节纳入统一的自顶向下设计方案中，该设计方案有利于在早期发现结构设计中的错误，提高设计的一次成功率。而在传统的电子设计技术中，由于没有规范的设计工具和表达方式，无法进行这种先进的设计流程。

2．应用硬件描述语言（HDL）

使用硬件描述语言，设计者可以在抽象层次上描述设计系统的结构及其内部特征，是 EDA 技术的一个重要特征。硬件描述语言的突出优点是语言的公开可利用性、设计与工艺的无关性、宽范围的描述能力、便于组织大规模系统的设计、便于设计的复用和继承等。

多数 HDL 语言也是文档型的语言，可以方便地存储在计算机硬盘等介质中，也可以打印到纸张上，极大地简化设计开发文档的管理工作。

3．能够自动完成仿真和测试

EDA 软件设计公司与半导体器件生产厂商共同开发了一些功能库，如逻辑综合时的综合库、板图综合时的板图库、测试综合时的测试库、逻辑模拟时的模拟库等，通过这些库的支持，系统开发者能够完成自动设计。EDA 技术还可以在各个设计层次上，利用计算机完成不同内容的仿真，而且在系统级设计结束后，就可以利用 EDA 软件对硬件系统进行完整的测试。

4．开发技术的标准化和规范化

EDA 技术的设计语言是标准化的，不会由于设计对象的不同而改变。EDA 技术使用的开发工具也是规范化的，所以 EDA 开发平台可以支持任何标准化的设计语言，其设计成果具有通用性、可移植性和可测试性，为高效高质的系统开发提供了可靠保证。

5．对工程技术人员的硬件知识和经验要求低

EDA 技术的标准化、硬件描述语言和开发平台对具体硬件的无关性，使设计者能将自己的才智和创造力集中在设计项目上，提高产品性能和降低成本，而将具体的硬件实现工作让 EDA 软件来完成。

1.1.3 EDA 技术的内涵

EDA 技术涉及硬件描述语言、可编程逻辑器件和 EDA 软件等内容。硬件描述语言用于描述数字系统，表达电子工程师的设计思想；EDA 软件用于在计算机上仿真、调试设计的数字系统；可编程逻辑器件是实现数字系统的主要载体，通过 EDA 软件将系统编程或下载到可编程逻辑器件中；最后制作印制电路板，加入输入、输出等部分，完成系统的硬件调试。

1．硬件描述语言（HDL）

硬件描述语言是各种描述方法中最能体现 EDA 优越性的描述方法。所谓硬件描述语言就是一个描述工具，其描述的对象是设计电路系统的逻辑功能、实现该功能的算法、选用的电路结构以及其他各种约束条件等。通常要求硬件描述语言既能描述系统的行为，又能描述系统的结构。

硬件描述语言的使用与普通的高级语言相似，编制的程序也需要经过编译器进行语法、语义的检查，再转换为某种中间数据格式。但与其他高级语言相区别的是，用硬件描述语言编制程序的最终目的是要生成实际硬件，因此硬件描述语言中有与硬件实际情况相对应的并行处理语句。此外，用硬件描述语言编制程序时，还需注意硬件资源的消耗问题（如逻辑门、触发器、连线等的数目），有的程序虽然语法、语义上完全正确，但并不能生成与之相对应的实际硬件，其原因就是要实现这些程序所描述的逻辑功能，消耗的硬件资源过大，无法在可编程逻辑器件上实现。目前主要有 Verilog-HDL 和 VHDL 两种硬件描述语言。

（1）Verilog-HDL 语言是在 1983 年由 GDA（Gateway Design Automation）公司首创的，主要用于数字系统的仿真验证、时序分析、逻辑综合等，是目前应用最广泛的硬件描述语言之一。Verilog-HDL 把数字系统当作一组模块来描述，每一个模块具有模块接口以及关于模块内容的描述，一个模块代表一个逻辑单元，这些模块用信号相互连接，相互通信。

（2）VHDL 语言是美国国防部于 20 世纪 80 年代出于军事工业的需要开发的，1984 年 VHDL 被 IEEE 确定为标准化的硬件描述语言。1993 年 IEEE 对 VHDL 进行了修订，增加了部分新命令与属性，增强了对系统的描述能力，并公布了新版本的 VHDL，即 IEEE 标准的 1076-1993 版本。VHDL 涵盖面广，抽象描述能力强，支持硬件的设计、验证、综合与测试。VHDL 能在多个级别上对同一逻辑功能进行描述，如可以在寄存器级别上对电路的组成结构进行描述，也可以在行为描述级别上对电路的功能与性能进行描述。无论哪种级别的描述，都可以利用综合工具将描述转化为具体的硬件结构。

各种硬件描述语言中，VHDL 的抽象描述能力最强，适用于电路高级建模，综合的效率和效果较好，因此运用 VHDL 进行复杂电路设计时，往往采用自顶向下结构化的设计方法；Verilog-HDL 语言是一种低级的描述语言，适用于描述门级电路，容易控制电路资源，但其对系统的描述能力不如 VHDL 语言。

2．可编程逻辑器件

可编程逻辑器件（简称 PLD）是一种可以由用户编程来实现某种逻辑功能的新型逻辑器件，不仅速度快、集成度高，能够完成用户定义的逻辑功能，还可以加密和重新定义编程，允许编程次数可多达上万次。使用可编程逻辑器件可大大简化硬件系统、降低成本、提高系统的可靠性和灵活性。因此，自 20 世纪 70 年代问世以来，就受到广大工程人员的青睐，被广泛应用于工业控制、通信设备、智能仪表、计算机硬件和医疗电子仪器等多个领域。

目前，PLD 主要分为 FPGA（现场可编程门阵列）和 CPLD（复杂可编程逻辑器件）两大类。PLD 最明显的特点是高集成度、高速度和高可靠性。高速度表现在其时钟延时可小至纳秒级，结合并行工作方式，在超高速应用领域和实时测控方面有着非常广阔的应用前景；高可靠性和高集成度表现在几乎可将整个系统集成于同一芯片中，实现所谓片上系统（SOPC），从而大大缩小了系统体积，也易于管理和屏蔽。

3．EDA 软件

目前在国内比较流行的 EDA 软件主要有 Altera 公司的 MAX+plus Ⅱ和 Quartus Ⅱ、Lattice 公司的 Expert LEVER 和 Synario、Xilinx 公司的 Foundation 和 Alliance、Actel 公司的 Actel Designer 等，这 4 家公司的 EDA 开发软件特性如表 1-1 所示。

表 1-1　EDA 开发软件特性

<table>
<tr><th>厂商</th><th>EDA 软件名称</th><th>软件适用器件系列</th><th>软件支持的描述方式</th></tr>
<tr><td rowspan="2">Altera</td><td>MAX+plus Ⅱ</td><td>MAX、FLEX 等</td><td rowspan="2">逻辑图、波形图、AHDL 文本、Verilog-HDL 文本、VHDL 文本等</td></tr>
<tr><td>Quartus Ⅱ</td><td>MAX、FLEX、APEX 等</td></tr>
<tr><td rowspan="2">Xilinx</td><td>Alliance</td><td>Xilinx 各种系列</td><td rowspan="2">逻辑图、VHDL 文本等</td></tr>
<tr><td>Foundation</td><td>XC 系列</td></tr>
<tr><td rowspan="2">Lattice</td><td>Synario</td><td>MACH GAL、ispLSI、pLSI 等</td><td>逻辑图、ABEL 文本、VHDL 文本等</td></tr>
<tr><td>Expert LEVER</td><td>IspLSI、pLSI、 MACH 等</td><td>逻辑图、VHDL 文本等</td></tr>
<tr><td>Actel</td><td>Actel Designer</td><td>SX 系列、MX 系列</td><td>逻辑图、VHDL 文本等</td></tr>
</table>

（1）Altera 公司是世界上最大的可编程逻辑器件供应商之一。其主要产品有 MAX7000/9000、FLEX10K、APEX20K、ACEX1K、Stratix、Cyclone 等系列。Altera 公司在 20 世纪 90 年代以后发展很快，业界普遍认为其开发工具 MAX+plus Ⅱ是最成功的 EDA 开发平台之一，Quartus Ⅱ是 MAX+plus Ⅱ的升级版本。

（2）Xilinx 公司是 FPGA 的发明者，其产品种类较全，主要有 XC9500/4000、Spartan、Virtex、Coolrunner(XPLA3)等。Xilinx 公司是与 Altera 公司齐名的可编程逻辑器件供应商，在欧洲用 Xilinx 器件的人多，在日本和亚太地区用 Altera 器件的人多，在美国则是平分秋色。全球 60%以上的 PLD 产品是由 Altera 和 Xilinx 提供的，Altera 和 Xilinx 共同决定了 PLD 技术的发展方向。

（3）Lattice 公司是 ISP（在系统可编程）技术的发明者，其主要产品有 ispL2000/5000/8000、MACH4/5、ispMACH4000 等。与 Altera 公司和 Xilinx 公司相比，Lattice 的开发工具略逊一筹，大规模 PLD、FPGA 的竞争力也不够强，但其中小规模 PLD 比较有特色。Lattice 于 1999 年推出可编程模拟器件，现已成为全球第 3 大可编程逻辑器件供应商。

（4）Actel 公司是反熔丝（一次性编程）PLD 的领导者。由于反熔丝 PLD 具有抗辐射、耐高低温、功耗低和速度快等优良品质，在军工产品和宇航产品上有较大优势，而 Altera 和 Xilinx 公司则一般不涉足军工和宇航市场。

1.2 数字电路基础

数字电路可以分为组合逻辑电路和时序逻辑电路两类：组合逻辑电路的特点是任何时刻的输出信号仅仅取决于输入信号，而与信号作用前的电路原有状态无关。在电路结构上单纯由逻辑门构成，没有反馈电路，也不含有存储元件。时序逻辑电路在任何时刻的稳定输出，不仅取决于当前的输入状态，而且还与电路的前一个输出状态有关。时序逻辑电路主要由触发器构成，而触发器的基本元件是逻辑门电路，因此，不论是简单还是复杂的数字电路系统都是由基本逻辑门电路构成的。

1.2.1 逻辑门

数字系统的所有逻辑关系都是由与、或、非 3 种基本逻辑关系组合构成。能够实现逻辑关系的电路称为逻辑门电路，常用的门电路有与门、或门、非门、与非门、或非门、同或门和异或门等。逻辑电路的输入和输出信号只有高电平和低电平两种状态：用 1 表示高电平、用 0 表示低电平的情况称为正逻辑；反之，用 0 表示高电平、用 1 表示低电平的情况称为负逻辑（本书采用正逻辑）。在数字电路中，只要能明确区分高电平和低电平两种状态就可以了，高电平和低电平都允许有一定范围的误差，因此数字电路对元器件参数的精度要求比模拟电路要低一些，其抗干扰能力要比模拟电路强。

1. 与门

当决定某个事件的全部条件都具备时，该事件才会发生，这种因果关系称为与逻辑关系。实现与逻辑关系的电路称为与门。与门可以有两个或两个以上的输入端口以及一个输出端口，输入和输出按照与逻辑关系可以表示为：当任何一个或一个以上的输入端口为 0 时，输出为 0；只有所有的输入端口均为 1 时，输出才为 1。

组合逻辑电路的输入和输出关系可以用逻辑函数来表示，通常有真值表、逻辑表达式、逻辑图和波形图 4 种表示方式。下面就以两输入端与门为例加以说明。

（1）真值表：根据给定的逻辑关系，把输入逻辑变量各种可能取值的组合与对应的输出函数值排列成的表格，表示了逻辑函数与逻辑变量各种取值之间的一一对应的关系。逻辑函数的真值表具有唯一性，若两个逻辑函数具有相同的真值表，则两个逻辑函数必然相等。当逻辑函数有 n 个变量时，共有 2^n 个不同的变量取值组合。以真值表表示的两输入端与门如表 1-2 所示。

表 1-2 两输入端与门的真值表

A	B	Y
0	0	0
0	1	0
1	0	0
1	1	1

用真值表表示逻辑函数的优点是直观、明了，可直接看出逻辑函数值和变量取值之间的关系。

（2）逻辑表达式：利用与、或、非等逻辑运算符号组合表示逻辑函数。与关系相当于逻辑乘法，可以用乘号表示，两输入端与门的逻辑表达式如式 1-1 所示。

$$Y = A \cdot B \quad \text{或简写成} \quad Y = AB \tag{1-1}$$

（3）逻辑图：用逻辑符号来表示逻辑函数。与实际器件有明显的对应关系，比较接近工程实际，根据逻辑图可以方便地选取器件制作数字电路系统。Altera 公司的 EDA 开发软件 QuartusⅡ提供输入端数量分别为 2、3、4、6、8 和 12 的与门，用符号 AND 表示。另外，QuartusⅡ还提供了输入端反向的与门，用符号 BAND 表示。两输入端与门的逻辑符号如图 1-1 所示。

图 1-1　两输入端与门逻辑符号

a) AND2　b) BAND2

（4）波形图：逻辑变量的取值随时间变化的规律，又叫时序图。对于一个逻辑函数来说，所有输入、输出变量的波形图也可表达它们之间的逻辑关系。波形图常用于分析、检测和调试数字电路。两输入端与门的波形图如图 1-2 所示。

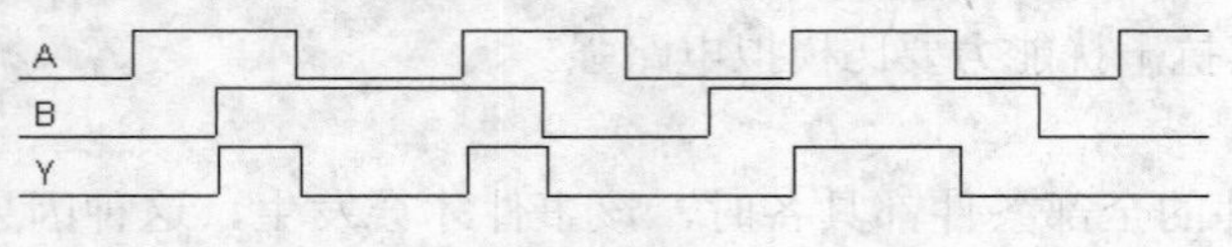

图 1-2　两输入端与门波形图

从与门的逻辑关系上可以看出，如果输入端 A 作为控制端，则 A 的值将会决定输入端 B 的值是否能被输出到端口 Y。例如 A=1 时，则 Y=B，B 被输出；但若 A=0 时，则不管 B 的状态如何，Y 都等于 0。

2．或门

决定某一事件的所有条件中，只要有一个条件或几个条件具备时，这一事件就会发生，这样的因果关系称为或逻辑。实现或逻辑关系的电路称为或门。或门的输入和输出按照或逻辑关系可以表示为：如有任何一个或一个以上的输入端口为 1 时，输出为 1；当所有的输入端口都为 0 时，输出才为 0。下面以两输入端或门为例说明。

（1）真值表：以真值表表示的两输入端或门如表 1-3 所示。

表 1-3　两输入端或门的真值表

A	B	Y
0	0	0
0	1	1
1	0	1
1	1	1

（2）逻辑表达式：或关系相当于逻辑加法，可以用加号表示，两输入端或门的逻辑表达式如式 2-2 所示。

$$Y = A + B \tag{1-2}$$

（3）逻辑符号：QuartusⅡ提供输入端数量分别为 2、3、4、6、8 和 12 的或门，用符号 OR 表示。另外，QuartusⅡ还提供了输入端反向的或门，用符号 BOR 表示。两输入端或门的逻辑符号如图 1-3 所示。

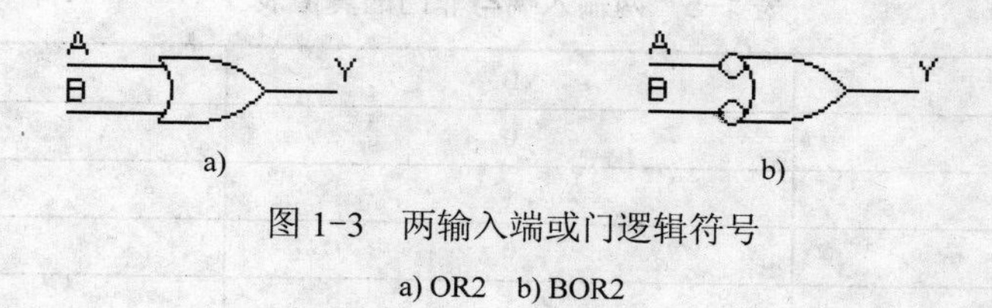

图 1-3　两输入端或门逻辑符号

a) OR2　b) BOR2

（4）波形图：两输入端或门的波形图如图 1-4 所示。

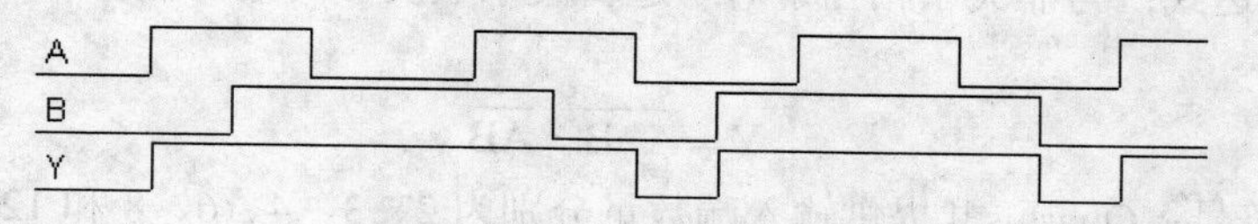

图 1-4　两输入端或门波形图

3．非门

决定某事件的条件不具备时，该事件发生；条件具备时，事件却不发生。这种互相否定的因果关系称为非逻辑，实现非逻辑关系的电路称为非门。非门只有一个输入端和一个输出端，输出端的值与输入端的值相反，可以用反相器电路实现，因此非门又称为“反相器”。

（1）真值表：以真值表表示的非门如表 1-4 所示。

表 1-4　非门的真值表

A	Y
0	1
1	0

（2）逻辑表达式：非关系相当于逻辑取反，可以在变量的上方加个“—”表示非，非门的逻辑表达式如式 1-3 所示。

$$Y = \overline{A} \tag{1-3}$$

（3）逻辑符号：QuartusⅡ提供的非门，用符号 NOT 表示。非门的逻辑符号如图 1-5 所示。

（4）波形图：非门的波形图如图 1-6 所示。

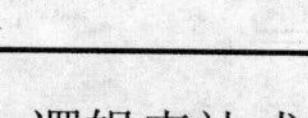

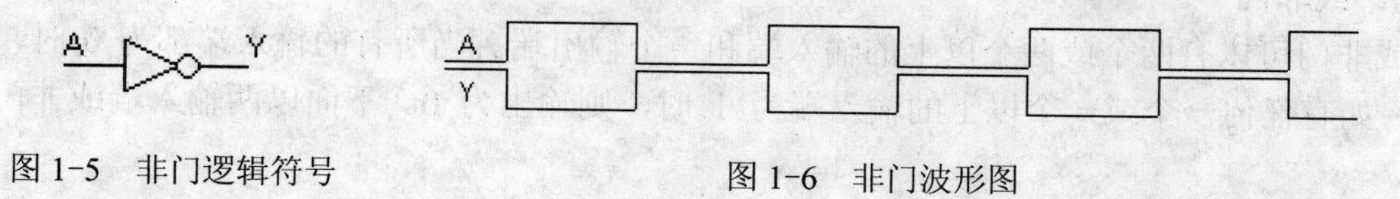

图 1-5　非门逻辑符号

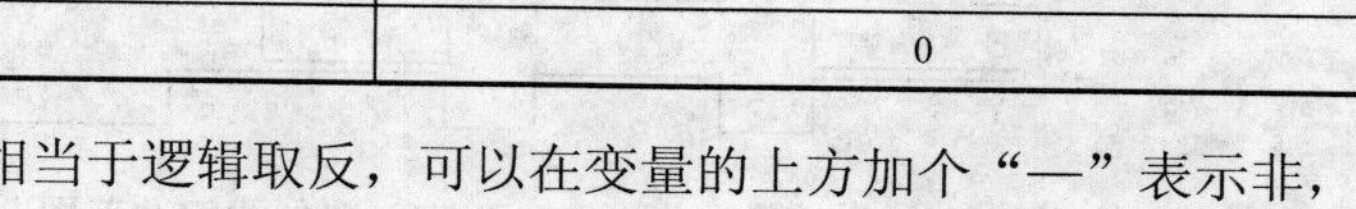

图 1-6　非门波形图

4．与非门

与非门有两个或两个以上的输入端和一个输出端。当任何一个或一个以上的输入端为 0 时，输出为 1；当所有的输入端均为 1 时，则输出为 0。下面以两输入端的与非门为例说明。

（1）真值表：以真值表表示的两输入端与非门如表 1-5 所示。

表 1-5　两输入端与非门的真值表

A	B	Y
0	0	1
0	1	1
1	0	1
1	1	0

（2）逻辑表达式：与非关系相当于对与逻辑关系取反，两输入端与非门的逻辑表达式如式 1-4 所示。

$$Y = \overline{A \cdot B} = \overline{AB} \tag{1-4}$$

（3）逻辑符号：QuartusⅡ提供输入端数量分别为 2、3、4、6、8 和 12 的与非门，用符号 NAND 表示。另外，QuartusⅡ还提供了输入端反向的与非门，用符号 BNAND 表示。两输入端与非门的逻辑符号如图 1-7 所示。

图 1-7　两输入端与非门逻辑符号

a) NAND2　b) BNAND2

（4）波形图：两输入端与非门的波形图如图 1-8 所示。

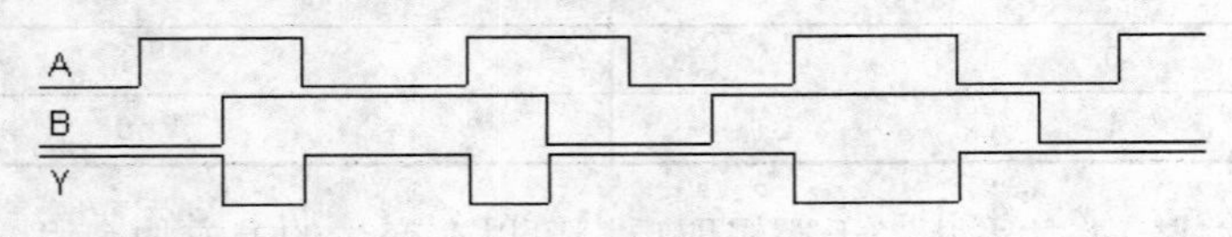

图 1-8　两输入端与非门波形图

从与非门的逻辑关系上可以看出，利用输入端 A 的值来控制输入端口 B 的值是否输出至输出端口 Y。当 A=1 时，$Y = \overline{B}$（输入信号被反相输出）；但 A=0 时，则不管 B 的值是什么，Y 都为 1，即将 B 信号屏蔽掉。

5．或非门

或非门可以有两个或两个以上的输入端和一个输出端。当所有的输入端都为 0 时，输出为 1；如有任何一个或一个以上的输入端为 1 时，则输出为 0。下面以两输入端或非门为例说明。

（1）真值表：以真值表表示的两输入端或非门如表 1-6 所示。

表 1-6　两输入端或非门的真值表

A	B	Y
0	0	1
0	1	0
1	0	0
1	1	0

（2）逻辑表达式：或非关系相当于对或逻辑关系取反，两输入端或非门的逻辑表达式如式 1-5 所示。

$$Y = \overline{A + B} \tag{1-5}$$

（3）逻辑符号：QuartusⅡ提供输入端数量分别为 2、3、4、6、8 和 12 的或非门，用符号 NOR 表示。另外，QuartusⅡ还提供了输入端反向的或非门，用符号 BNOR 表示。两输入端或非门的逻辑符号如图 1-9 所示。

图 1-9　两输入端或非门逻辑符号

a) NOR2　b) BNOR2

（4）波形图：两输入端或门的波形图如图 1-10 所示。

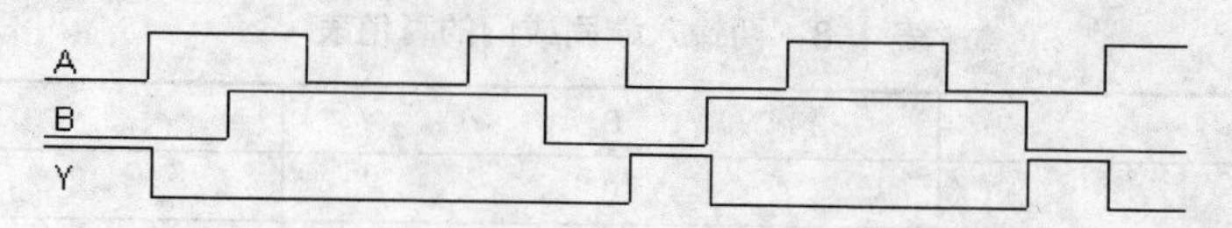

图 1-10　两输入端或非门波形图

可以利用或非门的输入端 A 来控制输入端 B。当 A=0 时，$Y = \overline{B}$（输入信号被反相输出）；当 A=1 时，则不管 B 的值是什么，Y 都为 0。

6．异或门

异或门可以有两个或两个以上的输入端和一个输出端。当逻辑值为 1 的输入端个数是奇数时，输出为 1；当逻辑值为 1 的输入端个数是偶数时，输出为 0。下面以两输入端异或门为例说明。

（1）真值表：以真值表表示的两输入端异或门如表 1-7 所示。

表 1-7　两输入端异或门的真值表

A	B	Y
0	0	0
0	1	1
1	0	1
1	1	0

由真值表可以看出，当 A=1 时，输入端 B 的信号将反相输出至输出端 Y；但若 A=0 时，输入端 B 的信号可以直接输出至输出端 Y。

（2）逻辑表达式：异或逻辑关系可以用符号 ⊕ 表示，两输入端异或门的逻辑表达式如式 1-6 所示。

$$Y = A\overline{B} + \overline{A}B = A \oplus B \tag{1-6}$$

从逻辑表达式中可以看出，异或门能够用与门、非门和或门来实现。

（3）逻辑符号：Quartus Ⅱ 提供的异或门，用符号 XOR 表示。异或门的逻辑符号如图 1-11 所示。

（4）波形图：两输入端异或门的波形图如图 1-12 所示。

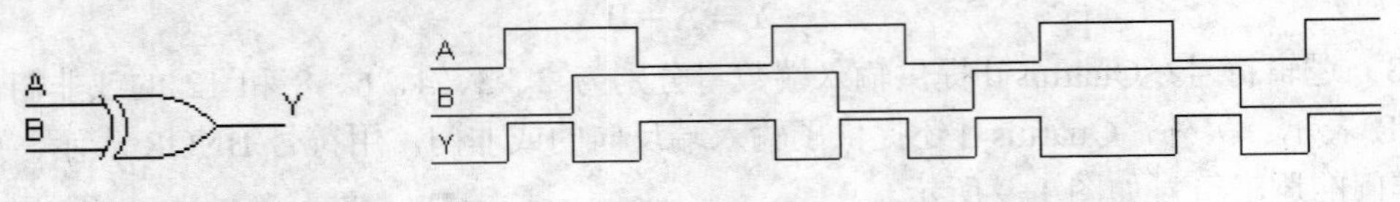

图 1-11　两输入端异或门逻辑符号　　图 1-12　两输入端异或门波形图

7．同或门

同或门可以有两个或两个以上的输入端和一个输出端。与异或门刚好相反，当逻辑值为 1 的输入端的个数是奇数时，输出为 0；当逻辑值为 1 的输入端的个数是偶数（包括零）时，则输出为 1。下面以两输入端同或门为例说明。

（1）真值表：以真值表表示的两输入端同或门如表 1-8 所示。

表 1-8　两输入端同或门的真值表

A	B	Y
0	0	1
0	1	0
1	0	0
1	1	1

由真值表可以看出，当 A=1 时，输入 B 端的信号可以输出至输出端 Y；当 A=0 时，输入 B 端的信号将反相输出至输出端 Y。

（2）逻辑表达式：同或关系相当于给异或逻辑关系取反，两输入端同或门的逻辑表达式如式 1-7 所示。

$$Y = \overline{A}\,\overline{B} + AB \tag{1-7}$$

（3）逻辑符号：Quartus Ⅱ 提供的同或门，用符号 XNOR 表示。同或门的逻辑符号如图 1-13 所示。

（4）波形图：两输入端同或门的波形图如图 1-14 所示。

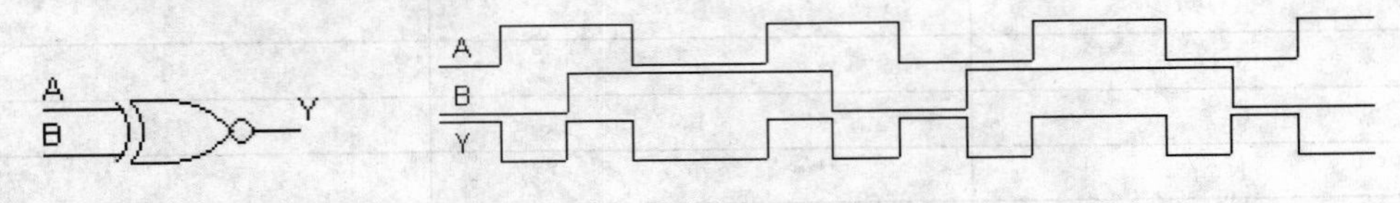

图 1-13　两输入端同或门逻辑符号　　图 1-14　两输入端同或门波形图

1.2.2 触发器

触发器是数字系统中除逻辑门以外的另一类基本单元电路，有两个基本特性：一个是具有两个稳定状态，可分别用来表示二进制数码 0 和 1；另一个是可以在输入时钟脉冲信号的作用下，两个稳定状态可相互转换，能够完成计数功能。当输入时钟脉冲信号消失或保持不变时，触发器的输出状态也保持不变，这就是记忆功能，可用作二进制数据的存储单元。触发器是构成时序逻辑电路的基本电路，有多种分类方式：根据逻辑功能的不同，触发器可分为 RS 触发器、D 触发器、JK 触发器、T 触发器和T′ 触发器等；根据触发方式的不同，触发器可分为电平触发器、边沿触发器和主从触发器等；根据电路结构的不同，触发器可分为基本 RS 触发器、同步 RS 触发器、维持阻塞触发器、主从触发器和边沿触发器等。但从电路的组成单元上看，所有的触发器都是由基本 RS 触发器和逻辑门电路构成，而基本 RS 触发器又可以用两个或非门（或者两个与非门）组成。因此，可以认为触发器是由多个基本逻辑门电路组成。

触发器有一个时钟脉冲（用 CP 表示）输入端、一个或多个输入端和两个互补输出端（分别用 Q 和$\overline{Q}$表示）。通常用 Q 端的输出状态来表示触发器的状态，当 Q=1、$\overline{Q}$=0 时，称为触发器的 1 状态，记 Q=1；当 Q=0、$\overline{Q}$=1 时，称为触发器的 0 状态，记 Q=0。这两个状态和二进制数码的 1 和 0 对应。由于触发器属于时序逻辑电路，所以其输出状态不但与输入信号有关，还与当前的输出状态有关。为了描述这种现象，引入现态和次态两个名词：现态是指触发器在输入信号变化之前的状态，用 Q^n 表示；次态是指触发器在输入信号变化后，在输入信号和现态共同作用下所形成的状态，用 Q^{n+1} 表示。触发器的逻辑功能主要用状态表、特性方程、驱动表和波形图（又称时序图）来描述。

含有触发器的逻辑电路称为时序逻辑电路。时序逻辑电路根据电路状态转换情况的不同，可分为同步时序逻辑电路和异步时序逻辑电路两大类。在同步时序逻辑电路中，所有触发器的时钟输入端 CP 都连在一起，在同一个时钟脉冲 CP 作用下，凡是具备翻转条件的触发器在同一时刻状态同时翻转。也就是说，触发器状态的更新和时钟脉冲 CP 是同步的。而在异步时序逻辑电路中，时钟脉冲只触发部分触发器，其余触发器则是由电路内部信号触发的。因此，具备翻转条件的触发器状态翻转有先有后，并不是和时钟脉冲 CP 同步。

在众多的触发器中，边沿触发器只在时钟脉冲 CP 上升沿（或下降沿）时刻接受输入信号，电路状态才发生翻转，其余情况则保持原状态不变，从而能够提高触发器工作的可靠性和抗干扰能力，没有空翻现象。由于边沿触发器的应用非常广泛，所以本章以边沿触发器为例讲解。边沿触发器主要有维持阻塞 D 触发器和边沿 JK 触发器。

1. 维持阻塞 D 触发器

在时钟脉冲 CP 的作用下，根据输入信号 D 取值的不同，输出状态随 D 而变化的电路称为 D 触发器。维持阻塞 D 触发器是利用时钟脉冲 CP 的上升沿（或下降沿）进行触发的，而且电路总是翻转到和 D 相同的状态。

（1）逻辑符号：Quartus II 提供了两种上升沿有效维持阻塞 D 触发器。一种用符号 DFF 表示、一种用符号 DFFE 表示。维持阻塞 D 触发器的逻辑符号如图 1-15 所示。

图 1-15 中 PRN 称为置 1 端，低电平有效，使 Q 输出为 1；CLRN 称为置零（清零）

端，低电平有效，使 Q 输出为 0；PRN 和 CLRN 不能同时有效。DFFE 触发器的 ENA 称为使能端，低电平有效，在 PRN 和 CLRN 无效时，使 Q 保持原状态。

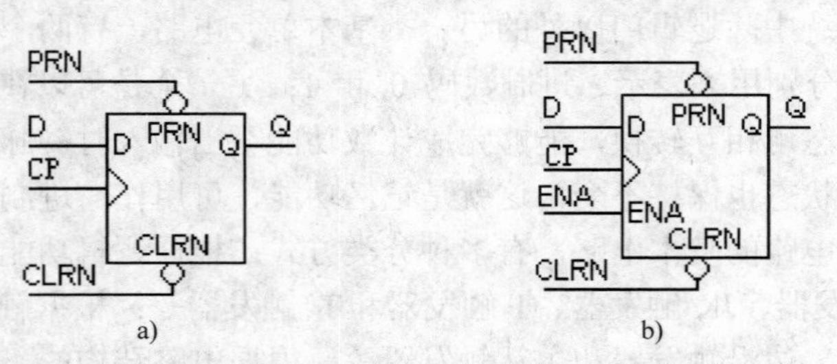

图 1-15 上升沿有效维持阻塞 D 触发器逻辑符号

a) DFF b) DFFE

（2）状态表：也称特征表，能够表明触发器输入变量和输出变量之间的关系。用↑符号表示上升沿、用↓表示下降沿、用×表示任意状态（其值可以为 0，也可以为 1）。上升沿有效的维持阻塞 D 触发器的状态表如表 1-9 所示。

表 1-9 上升沿有效的维持阻塞 D 触发器状态表

CP	D	Q^{n+1}	说 明
0	×	Q^n	CP 无效，输出保持原状态
1	×	Q^n	
↑	0	0	CP 有效，输出状态和 D 相同
↑	1	1	

（3）特征方程：是触发器次态 Q^{n+1} 与输入信号及现态 Q^n 之间关系的逻辑表达式。上升沿有效的维持阻塞 D 触发器的特征方程如式 1-8 所示。

$$\begin{cases} Q^{n+1} = Q^n & CP \neq \text{上升沿} \\ Q^{n+1} = D & CP = \text{上升沿} \end{cases} \tag{1-8}$$

（4）驱动表：根据触发器的现态 Q^n 和次态 Q^{n+1} 的取值来确定输入信号取值的关系表，称为触发器的驱动表，又称激励表。驱动表对时序逻辑电路的分析和设计是很有用的，可以确定触发器从现态转换为规定次态所需要的输入条件。维持阻塞 D 触发器的驱动表如表 1-10 所示。

表 1-10 D 触发器的驱动表

Q^n	Q^{n+1}	D
0	0	0
0	1	1
1	0	0
1	1	1

（5）波形图：也称时序图，反映触发器在时钟脉冲作用下，触发器状态与输入信号取值之间关系的波形。上升沿有效的 DFF 触发器的波形图如图 1-16 所示。

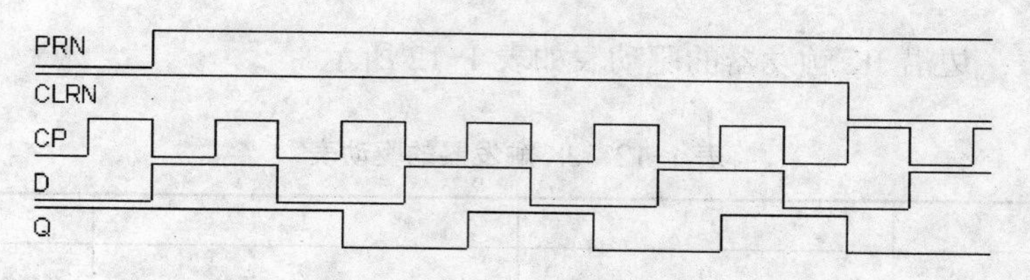

图 1-16　上升沿有效 DFF 触发器波形图

2．边沿 JK 触发器

在时钟脉冲 CP 的作用下，根据输入信号 J、K 取值的不同，凡是具有置 0、置 1、计数和保持功能的电路，都叫 JK 触发器。边沿 JK 触发器是利用时钟脉冲 CP 的上升沿（或下降沿）进行触发的。

（1）QuartusⅡ提供了两种上升沿有效边沿 JK 触发器：一种用符号 JKFF 表示、一种用符号 JKFFE 表示。上升沿有效的边沿 JK 触发器的逻辑符号如图 1-17 所示。

图 1-17　上升沿有效边沿 JK 触发器逻辑符号

a) JKFF　b) JKFFE

图 1-17 中 PRN、CLRN 和 ENA 的名称和作用与 D 触发器相同。

（2）状态表：上升沿有效的边沿 JK 触发器的状态表如表 1-11 所示。

表 1-11　上升沿有效的边沿 JK 触发器状态表

CP	J	K	Q^n	Q^{n+1}	说　明
0	×	×	0	0	CP 无效，输出保持原状态
1	×	×	1	1	
↑	0	0	0	0	CP 有效，输出保持原状态不变
↑	0	0	1	1	
↑	0	1	0	0	CP 有效，输出状态和 J 相同（置 0）
↑	0	1	1	0	
↑	1	0	0	1	CP 有效，输出状态和 J 相同（置 1）
↑	1	0	1	1	
↑	1	1	0	1	CP 有效，每输入一个时钟脉冲，输出状态变化一次（计数）
↑	1	1	1	0	

（3）特征方程：上升沿有效的边沿 JK 触发器的特征方程如式 1-9 所示。

$$\begin{cases} Q^{n+1} = Q^n & CP \neq \text{上升沿} \\ Q^{n+1} = J\overline{Q^n} + \bar{k}Q^n & CP = \text{上升沿} \end{cases} \tag{1-9}$$

（4）驱动表：边沿 JK 触发器的驱动表如表 1-12 所示。

表 1-12　JK 触发器的驱动表

Q^n	Q^{n+1}	J	K
0	0	0	×
0	1	1	×
1	0	×	1
1	1	×	0

（5）波形图：上升沿有效的 JKFF 触发器的波形图（时序图）如图 1-18 所示。

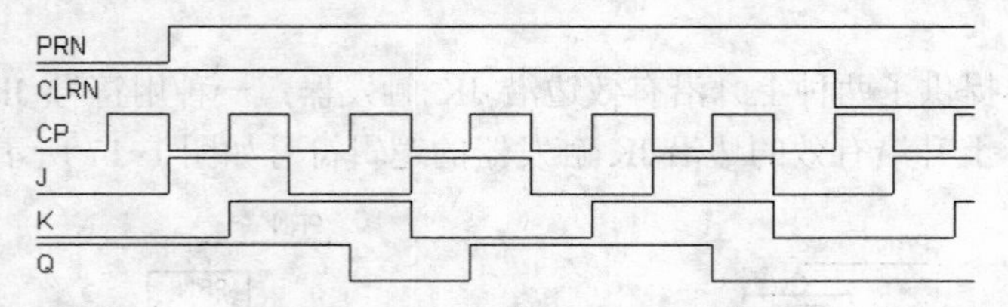

图 1-18　上升沿有效 JKFF 触发器波形图

1.2.3　逻辑代数

逻辑代数是研究逻辑电路的基本工具，是描述输入逻辑变量和输出函数之间关系的数学表达式。逻辑代数又称为开关代数或布尔代数，是由英国数学家乔治·布尔（George Boole）于 19 世纪中叶首先提出的用于描述客观事物逻辑关系的数学方法，主要应用于继电器开关电路的分析与设计上。经过不断的完善和发展后，被用于数字逻辑电路和数字系统中，成为逻辑电路分析和设计的有力工具。逻辑代数与普通代数相似之处在于都是用字母表示变量，用代数式描述客观事物间的关系，但不同的是，逻辑代数是描述客观事物间的逻辑关系，逻辑函数表达式中的逻辑变量的取值和逻辑函数值都只有两个值，即 0 和 1，这两个值不具有数量大小的意义，仅表示客观事物两种相反的状态。如开关的闭合与断开、晶体管的饱和导通与截止、电位的高与低、事件的真与假等。因此，逻辑代数有其自身独立的规律和运算法则，而不同于普通代数。

逻辑常量只有 0 和 1 两种取值，代表两种状态（0 代表低电平、1 代表高电平）、设 A 为逻辑变量。对于常量与常量、常量与变量、变量与变量之间的基本逻辑运算公式如表 1-13 所示。

表 1-13　逻辑代数的基本公式

名　称	与 运 算	或 运 算	非 运 算
逻辑常量	$0\cdot 0=0$ $1\cdot 0=0$ $0\cdot 1=0$ $1\cdot 1=1$	$0+0=0$ $0+1=1$ $1+0=1$ $1+1=1$	$\overline{1}=0$ $\overline{0}=1$
逻辑变量	$A\cdot 0=0$ $A\cdot 1=A$ $A\cdot A=A$ $A\cdot\overline{A}=0$	$A+0=A$ $A+1=1$ $A+A=A$ $A+\overline{A}=1$	$\overline{\overline{A}}=A$

进行逻辑设计时，根据逻辑问题归纳出来的逻辑函数式往往不是最简逻辑函数式，并且可以有不同的形式，因此，实现这些逻辑函数就会有不同的逻辑电路。对逻辑函数进行化简和变换，可以得到最简的逻辑函数式或所需要的其他形式，设计出简洁的逻辑电路。这对于节省元器件，优化生产工艺，降低成本和提高系统的可靠性，提高产品在市场的竞争力是非常重要的。

不同形式的逻辑函数式有不同的最简形式，而这些逻辑表达式的繁简程度又相差很大，但大多都可以根据最简与-或式变换得到，因此，这里只介绍最简与-或式的标准和化简方法。最简与-或式的标准有两条：一个是逻辑函数式中的乘积项（与项）的个数最少，另一个是每个乘积项中的变量数量最少。下面介绍几种基本的公式法化简方法。

1．并项法

运用基本公式 $A+\bar{A}=1$，将两项合并为一项，同时消去一个变量。如：

（1）$A\bar{B}C + A\overline{BC} = A\bar{B}(C+\bar{C}) = A\bar{B}$

（2）$ABC + A\bar{B}C + AC\bar{D} = AC(B+\bar{B}) + AC\bar{D} = AC + AC\bar{D} = AC$

2．吸收法

运用吸收律 $A+AB=A$ 和 $AB+\bar{A}C+BC=AB+\bar{A}C$，消去多余的与项。如：

（1）$AB + AB(E+F) = AB$

（2）
$$\begin{aligned} ABC + \bar{B}D + CD + \bar{B}\bar{C}D + BC &= (ABC + BC) + (\bar{B}\bar{C}D + \bar{B}D) + CD \\ &= BC + \bar{B}D + CD(B+\bar{B}) \\ &= BC + \bar{B}D + BCD + \bar{B}CD \\ &= BC + \bar{B}D \end{aligned}$$

3．消去法

运用吸收律 $A+\bar{A}B=A+B$，消去多余因子。如：

（1）
$$\begin{aligned} AB + \bar{A}C + \bar{B}C &= AB + (\bar{A}+\bar{B})C \\ &= AB + \overline{AB}C \\ &= AB + C \end{aligned}$$

（2）
$$\begin{aligned} A\bar{B} + \bar{A}B + ABCD + \overline{AB}CD &= A\bar{B} + \bar{A}B + (AB + \overline{AB})CD \\ &= A\bar{B} + \bar{A}B + \overline{A\bar{B} + \bar{A}B} \cdot CD \\ &= A\bar{B} + \bar{A}B + CD \end{aligned}$$

4．配项法

在不能直接运用公式、定律化简时，可通过与等于 1 的项相乘或与等于 0 的项相加，再进行配项后再化简。如：

（1）
$$\begin{aligned} AB + \overline{BC} + A\bar{C}D &= AB + \overline{BC} + A\bar{C}D(B+\bar{B}) \\ &= AB + \overline{BC} + AB\bar{C}D + A\overline{BC}D \\ &= AB(1+\bar{C}D) + \overline{BC}(1+AD) \\ &= AB + \overline{BC} \end{aligned}$$

（2）$AB + \bar{A}C + BC = AB + \bar{A}C + BC(A+\bar{A})$

$$= AB + \overline{A}C + ABC + \overline{A}BC$$

$$= AB + \overline{A}C$$

【例 1-1】 化简逻辑式 $Y = AD + A\overline{D} + AB + \overline{A}C + \overline{C}D + A\overline{B}EF$。

解：(1) 运用 $D + \overline{D} = 1$，将 $AD + A\overline{D}$ 合并，得：

$$Y = A + AB + \overline{A}C + \overline{C}D + A\overline{B}EF$$

(2) 运用 $A + AB = A$，消去含有 A 因子的乘积项，得：

$$Y = A + \overline{A}C + \overline{C}D$$

(3) 运用 $A + \overline{A}C = A + C$，消去 $\overline{A}C$ 中的 $\overline{A}$，再消去 $\overline{C}D$ 中的 $\overline{C}$，得：

$$Y = A + C + D$$

公式法化简逻辑函数的优点是简单方便，对逻辑函数式中的变量个数没有限制，它适用于变量较多，较复杂的逻辑函数的化简。缺点是需要熟练掌握和灵活运用逻辑代数的基本定律和基本公式，而且还需要有一定的化简技巧。另外，公式法化简也不易判断所得到的逻辑函数是不是最简式。只有通过多做练习，积累经验，才能做到熟能生巧，较好地掌握公式法化简方法。

1.2.4 逻辑电路的设计

对于简单的逻辑电路，尤其是输入、输出变量较少的情况，可以按照以下流程设计：

(1) 分析设计要求，列出真值表。根据题意设定输入变量和输出函数，然后将输入变量以自然数二进制顺序的各种取值组合排列，根据题意，推导输出函数的状态，列出真值表。

(2) 根据真值表写出输出函数的逻辑表达式。将真值表中输出函数取值为 1 所对应输入变量的各个最小项进行逻辑相加后，便得到输出逻辑函数表达式。

(3) 对输出逻辑函数表达式进行化简。用公式法对逻辑函数表达式进行化简，得到逻辑函数的最简与非式（或最简或非式）。

(4) 画出逻辑电路图。可根据最简输出逻辑函数式，也可以根据要求将输出逻辑函数变换为与非表达式、或非表达式、与或非表达式来画逻辑电路图。

【例 1-2】 设计一个列车过站指示电路。假设现有特快、直快和慢车 3 辆旅客列车请求通过某一车站，而该站在同一时间内只能允许一辆列车通过。当有多辆列车同时请求过站时，就要根据列车的优先级来决定，优先级别高的列车优先通过。假设 3 辆列车的优先级别顺序是：特快最高，直快次之，最低是慢车。

(1) 分析设计要求，列出真值表 用 A、B、C 分别表示特快、直快、慢车，请求通过用 1 表示，不请求通过用 0 表示；用 Y_1、Y_2、Y_3 分别表示特快、直快、慢车可否通过的信号，当它们为 1 时表示允许通过，为 0 时则表示不允许通过。如 ABC=111，则 $Y_1Y_2Y_3$=100，即所有请求信号中 A 的优先级别最高。所以 Y_1=1，表示只允许 A 通过。当 ABC=011 时，$Y_1Y_2Y_3$=010，即只有 B、C 的输入请求，其中 B 的优先级别最高，所以 Y_2=1，表示只允许 B 通过等。当 ABC=000 时，$Y_1Y_2Y_3$=000，即在没有发出请求信号时不允许任何列车通过。由此，可列出列车优先通过电路的真值表如表 1-14 所示。

(2) 根据真值表，写出逻辑函数表达式。

$$Y_1 = A \cdot \overline{B} \cdot \overline{C} + A \cdot \overline{B} \cdot C + A \cdot B \cdot \overline{C} + A \cdot B \cdot C$$

$$Y_2 = \overline{A} \cdot B \cdot \overline{C} + \overline{A} \cdot B \cdot C$$

$$Y_3 = \overline{A} \cdot \overline{B} \cdot C$$

表 1-14　列车过站指示电路真值表

输入			输出		
A	B	C	Y_1	Y_2	Y_3
0	0	0	0	0	0
0	0	1	0	0	1
0	1	0	0	1	0
0	1	1	0	1	0
1	0	0	1	0	0
1	0	1	1	0	0
1	1	0	1	0	0
1	1	1	1	0	0

（3）将输出逻辑函数表达式化简并写成或非形式。

$$Y_1 = A$$

$$Y_2 = \overline{A} \cdot B = \overline{A + \overline{B}}$$

$$Y_3 = \overline{A + B + \overline{C}}$$

（4）根据输出逻辑函数画出逻辑图，如图 1-19 所示。

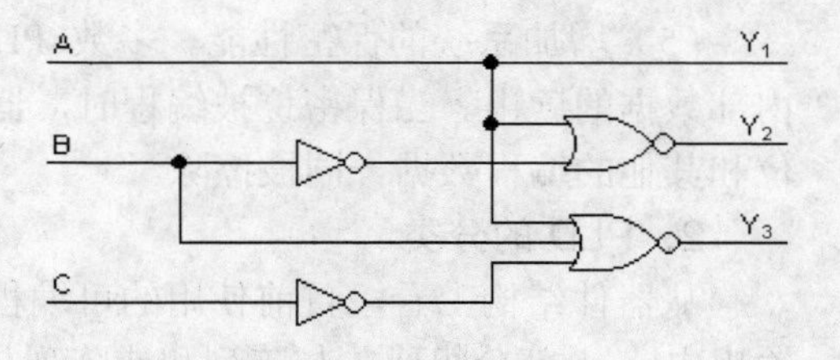

图 1-19　列车过站指示电路逻辑图

从本例中可以得出以下结论：在任一时刻，不论输入端有几个请求信号输入，输出端只有一个最高级别请求的有效信号能被输出，其他信号则被封锁了。凡是具有这种工作特点的逻辑电路叫做优先编码器。

1.3　可编程逻辑器件

无论简单还是复杂的数字系统都是由逻辑门电路构成。由于逻辑函数可以相互转换，因此可以用基本逻辑门（如与门、或门和非门）的组合代替其他逻辑门。把大量的基本逻辑门电路集成在一个芯片中，通过编程将部分基本逻辑门按照逻辑关系连接起来，就可以实现一个数字系统，改变连线关系则可以实现另一个数字系统。这种可以通过编程改变逻辑门连接关系的集成电路芯片就是可编程逻辑器件（PLD），现已成为设计数字系统的理想器件。

1.3.1　特点与分类

随着微电子技术的发展，单位芯片集成度的不断提高，可编程逻辑器件的应用越来越广泛，其品种也越来越多，了解可编程逻辑器件的特点和分类，对于器件的正确选择非常重要。

1. PLD 的特点

（1）集成度高、可靠性好。PLD 器件集成度高，一片 PLD 可代替几片、几十片乃至上百片中小规模的通用集成电路芯片。用 PLD 器件实现数字系统所使用的芯片数量少，占用印制线路板面积小，整个系统的硬件规模明显减少。同时，由于减少了实现系统所需要的芯片数量，在印制线路板上的引线以及焊点数量也随之减少，所以系统的可靠性得以提高。

（2）工作速度快。PLD 器件本身的工作速度很快，用 PLD 实现数字系统所需要的电路级数又少，因而整个系统的工作速度会得到提高，可以比单片机的速度快出许多倍。

（3）提高系统的设计灵活性。在系统的研制阶段，由于设计错误或任务变更而修改设计的事情经常发生。使用不可编程的通用器件时，修改设计就要更换或增减器件，有时还不得不更换印制线路板。使用 PLD 器件后情况就大为不同，由于 PLD 器件管脚数量多，传输方式灵活（多数管脚可做输入、也可做输出），又有可擦除重新编程的能力，因此对原设计进行修改时，只需要修改原设计的文本文件，再对 PLD 芯片重新编程即可，而不需要修改电路布局，更不需要重新加工印制线路板，这就大大提高了系统设计的灵活性。

（4）缩短设计周期。由于 PLD 器件集成度高、印制线路板电路布局布线简单、性能灵活、修改设计方便、开发工具先进、自动化程度高。因此，可大大缩短系统的设计周期，加快产品投放市场的速度，提高产品的竞争能力。

（5）增加系统的保密性能。多数 PLD 包含一个可编程的保密位，该保密位控制着器件内部数据的读出。当保密位被编程时，器件内的设计不能被读出；当擦除重新编程时，保密位和其他的编程数据一同被擦除。

2. PLD 的分类

从器件结构上看，目前使用的可编程逻辑器件都是由输入缓冲电路、与阵列、或阵列和输出电路 4 部分组成。与阵列和或阵列是器件的核心，与阵列用来产生乘积项，或阵列用来产生乘积项之和形式的函数。输入缓冲电路可以产生输入变量的原变量和反变量，输出电路可以是组合输出、时序输出或是可编程的输出电路结构，输出信号还可以通过内部通道反馈到输入端。根据结构特点可以将 PLD 划分为简单 PLD（SPLD）、复杂 PLD（CPLD）和现场可编程门阵列 FPGA 3 类。

（1）简单 PLD（SPLD）。这是早期的可编程逻辑器件，包括可编程只读存储器（PROM）、可编程逻辑阵列（PLA）、可编程阵列逻辑（PAL）和通用阵列逻辑（GAL）4 类器件。其结构主要由与门阵列和或门阵列组成，能够以积之和的形式实现逻辑函数。由于任意一个组合逻辑都可以用与或表达式来描述，所以简单 PLD 能够完成大量的组合逻辑功能，并且具有较高的速度和较好的性能。

（2）复杂 PLD（CPLD）。由简单 PLD 中的 GAL 类器件发展而来，可以看作是对简单可编程逻辑器件的扩充。通常由大量可编程逻辑宏单元围绕一个位于中心的、延时固定的可编程互连矩阵组成。其中可编程逻辑宏单元结构较为复杂，具有复杂的 I/O 单元互连结构，可根据用户需要生成特定的电路结构，完成一定功能。众多的可编程逻辑宏单元被分成若干个逻辑块，每个逻辑块类似于一个简单 PLD。可编程互连矩阵根据用户需要实现 I/O 单元与逻辑块、逻辑块与逻辑块之间的连线，构成信号传输的通道。由于 CPLD 内部采用固定长度的金属线进行各逻辑块的互连，而可编程逻辑单元又是固定数量的逻辑组合阵列，因此从输入到输出的布线延时容易计算出来，可预测延时的特点使 CPLD 便于实现对时序要求严格的电路。

（3）现场可编程门阵列（FPGA）。通常包含可编程逻辑块、可编程 I/O 块、可编程连线 3 类可编程资源。可编程逻辑块排列成阵列，可编程 I/O 块在阵列的四周，可编程连线围绕着逻辑块，FPGA 通过对连线编程，将逻辑块有效地组合起来，实现用户要求的特定功能。现场可编程是指设计者可以在工作状态下，安排或修改编程资源之间的连接关系。

1.3.2 编程工艺

编程工艺是指将系统设计的功能信息存储到器件的过程。不同类型的器件，其编程工艺也不同，在选择器件时，同样需要考虑器件的编程工艺。

1．简单 PLD 的编程工艺

简单 PLD 采用熔丝（Fuse）编程工艺，其原理是在器件可以编程的互连节点上设置有相应的熔丝。在编程时，对需要去除连接的节点上通以编程电流烧掉熔丝，而需要保持连接的节点则不通电保留熔丝，编程结束后器件内熔丝的分布情况就决定了器件逻辑功能。熔丝烧断后造成永久性开路，不能恢复，因此只能编程一次，不能重复修改，不适宜在系统研发和实验阶段使用。熔丝开关很难测试可靠性，在器件编程时，即使发生数量非常小的错误，也会造成器件功能不正确。另外，为了保证熔丝熔化时产生的金属物质不影响器件的其他部分，还需要留出较大的保护空间，因此熔丝占用的芯片面积比较大。

简单 PLD 只允许编程一次，不利于设计调试与修改。但是，其抗干扰能力强、工作速度快，集成度与可靠性都很高，并且价格相对低廉。

2．CPLD 的编程工艺

CPLD 器件采用可重复的编程工艺，主要有 EPROM（可擦除的 ROM）、E^2PROM（可电擦除的 ROM）和 Flash ROM（闪速擦除的 ROM）工艺。

（1）EPROM：采用浮栅编程技术，即使用悬浮栅存储电荷的方法来保存编程数据，在断电时存储的数据不会丢失，保存 10 年，其电荷损失不大于 10%。擦除 EPROM 时，需要将器件放在紫外线或 X 射线下照射 10~20 分钟，使浮栅中的电子获得足够能量返回底层。其缺点是擦除时间较长，且需要专门的器件。

（2）E^2PROM（或 EEPROM）：采用隧道浮栅编程技术，其编程和擦除都是通过在 MOS 管的漏极和控制栅上，加一定幅度和极性的电脉冲实现，不需要紫外线照射。E^2PROM 的擦除和写入都是逐点进行的，对每一个点先擦后写，需要花费一定的时间。随着工艺水平的提高，擦写所需的时间很短，数万门的 CPLD 其擦写时间也不超过 1 秒，允许擦写的次数可达万次以上。与 EPROM 相比，E^2PROM 具有擦除方便、速度快的优点，因而受到用户的欢迎。

（3）Flash ROM：采用没有隧道的浮栅编程技术，栅极靠衬底较近，是 E^2PROM 编程器件的改进型。擦写过程与 E^2PROM 基本一致，但擦除不是逐点进行，而是一次全部擦除，然后再逐点改写，所以其速度比 E^2PROM 编程器件还要快。

3．FPGA 的编程工艺

FPGA 器件常用的编程工艺主要有反熔丝 (Antifuse)和静态存储器（SRAM）两种。Actel 公司的 FPGA 采用反熔丝工艺，Xilinx 公司的 FPGA 采用 SRAM 工艺。

（1）反熔丝（Antifuse）：反熔丝技术通过击穿介质达到连通线路的目的。当有高电压（18V）加到夹在两层导体之间的介质时，介质会被击穿，把两层导电材料连通，接通电阻小于 1kΩ。反熔丝在硅片上只占一个通孔的面积，在一个 2000 门的器件，可以设置 186000 个反熔丝，平均每门接近 100 个反熔丝，因此，反熔丝元件占用的硅片面积很小。其特点是工作稳定可靠，但只允许编程一次。

（2）静态存储器（SRAM）：每个连接点用一个静态触发器控制的开关代替熔丝，当触发器被置 1 时，开关接通；置 0 时，开关断开。在系统不加电时，编程数据存储在片外的 E^2PROM 器件、Flash ROM 器件、硬盘或软盘中。在系统上电时，把这些编程数据立即写入到 FPGA 中，从而实现对 FPGA 的动态配置；系统掉电时，片内的编程数据将全部丢失。

1.3.3 逻辑表示方法

PLD 电路的主体是由与阵列和或阵列构成，靠这些阵列的编程组合实现逻辑函数。为了适应各种输入情况，与阵列的每个输入端都有输入缓冲电路，从而使输入信号具有足够的驱动能力，并产生原变量和反变量两个互补的信息。有些 PLD 的输入电路还包含锁存器，甚至是一些可以组态的输入宏单元，可对输入信号进行预处理。PLD 的输出方式有多种：可以由阵列直接输出（组合方式），也可以通过寄存器输出（时序方式）。输出可以是低电平有效，也可以是高电平有效。但是不管采用什么方式，在输出端上往往带有三态电路，还有内部通路可以将输出信号反馈到阵列输入端。新型 PLD 器件将输出电路做成宏单元，可以根据需要对其输出方式进行组态编辑，从而使 PLD 的功能更灵活，更完善。

由于 PLD 器件内含有大量的门电路，阵列规模较大，阵列间的引线众多，因而在描述 PLD 内部电路时都采用特定的简化表示方法。

1．缓冲器和连接点

缓冲器和连接点的表示方法如图 1-20 所示。

图 1-20 缓冲器和连接点符号

a) 缓冲器 b) 固定连接 c) 编程连接 d) 没有连接

从图 1-20 中可以看出 PLD 有 3 种连线连接方式：连线交叉点处为实点标记，表示固定连接；交叉点为×标记表示编程连接；连线交叉但无标记的表示没有连接。

2．与门和或门

所有输入变量都用列线表示，和逻辑门的输入线垂直相交，依照连线连接方式表示的逻辑门输入组合情况，如图 1-21 所示。

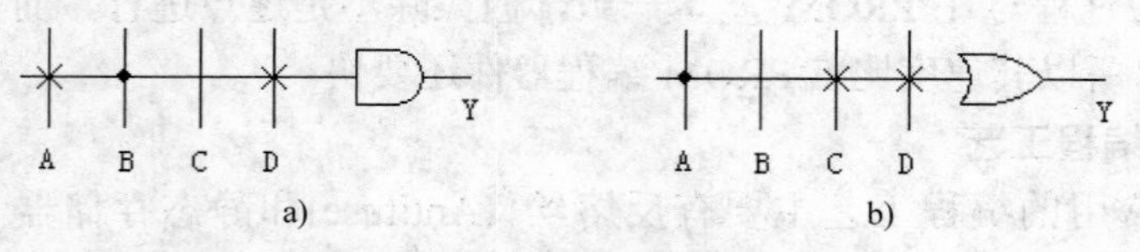

图 1-21 逻辑门的输入组合

a) 与阵列 b) 或阵列

从图 1-21 中可以看出，与阵列的逻辑关系是 Y=ABD，或阵列的逻辑关系是 Y=A+C+D。

1.3.4 Altera 公司的 PLD

Altera 公司是 20 世纪 90 年代以来发展较快的 PLD 生产厂家，在激烈的市场竞争中，凭借其雄厚的技术实力，独特的设计构思和功能齐全的芯片系列，挤身于世界最大的可编程逻辑器件供应商之列。Altera 公司的 PLD 分为 CPLD 和 FPGA 两类。

CPLD 器件主要有 Classic 系列、MAX 3000 系列、MAX 5000 系列、MAX 7000 系列和 MAX 9000 系列，这些器件系列都具有可重复编程的功能，Classic 系列和 MAX 5000 系列采用 EPROM（紫外线擦除的可编程存储器）工艺；MAX 3000、MAX 7000、MAX 9000 系列采用 E^2PROM（电可擦除可编程存储器）工艺，其中 MAX 7000 系列在国内应用较为广泛，例如 EPM7128、EPM7256 等。

FPGA 器件主要有 FLEX 10K 系列、FLEX 6000 系列、FLEX 8000 系列、Cyclone 系列、Stratix 系列、ACEX 1K 系列和 APEX 20K 系列等。在编程工艺上，这些系列都采用 SRAM（静态随机存储器）工艺。其中 FLEX 10K、Cyclone、ACEX 1K 系列在国内较为常用，例如 EPF10k100、EP1C6Q、EP1C12Q、EP1K30 等。

Altera 公司的 CPLD 和 FPGA 都是由逻辑单元、I/O 单元和互连 3 部分组成。其中 I/O 单元的功能基本一致，但二者的逻辑单元、互连以及在编程工艺上都有很大的差别，这些区别决定了二者应用范围的差别。

1．逻辑单元

CPLD 中的逻辑单元是大单元，其变量数可以多达二十几个。因为变量多，所以只能采用 PAL（即乘积项结构）。由于这样的单元功能强大，一般的逻辑在单元内均可实现，因而其互连关系简单，通过总线即可实现。电路的延时通常就是逻辑单元本身和总线的延时（在数纳秒到十几纳秒之间），但芯片内的触发器数量相对较少。CPLD 较适合控制器等逻辑型系统，这种系统的逻辑关系复杂，输入变量多，对触发器的需要量少。

FPGA 逻辑单元是小单元，每个单元有 1～2 个触发器，其输入变量通常只有几个，因此采用 PROM（即查表结构）。这样的工艺结构占用芯片面积小，速度高（延时只有 1～2 纳秒），每块芯片上能集成的单元数多，但逻辑单元的功能弱。FPGA 较适合信号处理等数据型系统，这种系统的逻辑关系简单，输入变量少，对触发器的需要量多。

2．互连

CPLD 逻辑单元大，单元数量少，互连使用的是总线，其互连特点是总线上任意一对输入与输出之间的延时相等，而且是可预测的。

FPGA 因逻辑单元小，单元数量多，所以互连关系复杂，使用的互连方式较多，主要有分段总线、长线和直连等方式。分段总线分布在各单元之间，通过配置将不同位置的单元连接起来，但速度慢。长线有水平长线和垂直长线两种，贯穿芯片内部，相当于高速公路，使用频率较高，速度快。直连是速度最快的一种互连方式，但只限于单元与其四周的 4 个单元之间。由于 1 对单元之间的互连路径可以有多种，其速度不同，传输延迟也不好确定。应用 FPGA 时，除了逻辑设计外还要进行延时设计，通常需经数次设计和仿真，才能找出最佳设计方案。

3. 编程工艺

在 CPLD 中，常使用 EPROM、E^2ROM 和 Flash ROM 编程工艺。这种编程工艺可以反复编程，可多达上万次。但其一经编程片内逻辑就被固定（除非擦除），不会由于系统掉电而丢失。芯片内有可以加密的编程位，能够有效地保护知识产权，但功耗较大。

在 FPGA 中，常用 SRAM 编程工艺。这种编程工艺成本低、稳定可靠、编程速度快，可实现在系统编程。但系统掉电后编程信息不能保存，必须与存储器联用，在系统上电时须先对芯片编程，方能使用。另外，FPGA 的功耗小，且集成度越高越明显。

1.4 实训 数字系统设计初步

1.4.1 供电控制电路的设计

设计一个供电控制电路。3 个工厂由甲、乙两个变电站供电，如 1 个工厂用电，则由甲站供电；如两个工厂用电，则由乙站供电；如 3 个工厂用电，则由甲、乙两个站共同供电。

1. 实训目的

（1）学会组合逻辑电路的设计方法。

（2）熟悉 74 系列通用逻辑芯片的功能。

（3）学会数字电路的调试方法。

（4）学会数字实验箱的使用。

2. 实训前准备

（1）复习组合逻辑电路的设计方法。

（2）熟悉逻辑门电路的种类和功能。

（3）实训器材准备：数字电路实验箱、导线若干。

3. 实训内容

（1）分析设计要求，列出真值表。设 A、B、C 分别代表 3 个工厂，用 1 表示工厂用电，用 0 表示工厂不用电；Y_1 代表甲变电站，Y_2 代表乙变电站，用 1 表示供电，用 0 表示不供电。由此可列出表 1-15 所示的真值表。

表 1-15 供电控制电路真值表

输入			输出	
A	B	C	Y_1	Y_2
0	0	0	0	0
0	0	1	1	0
0	1	0	1	0
0	1	1	0	1
1	0	0	1	0
1	0	1	0	1
1	1	0	0	1
1	1	1	1	1

（2）根据真值表，写出逻辑函数表达式。

$$Y_1 = \bar{A}\bar{B}C + \bar{A}B\bar{C} + A\bar{B}\bar{C} + ABC$$

$$Y_2 = \bar{A}BC + A\bar{B}C + AB\bar{C} + ABC$$

（3）将输出逻辑函数表达式化简。

$$Y_1 = A \oplus B \oplus C$$

$$Y_2 = AB + BC + AC$$

（4）根据输出逻辑函数画出逻辑图，如图 1-22 所示。

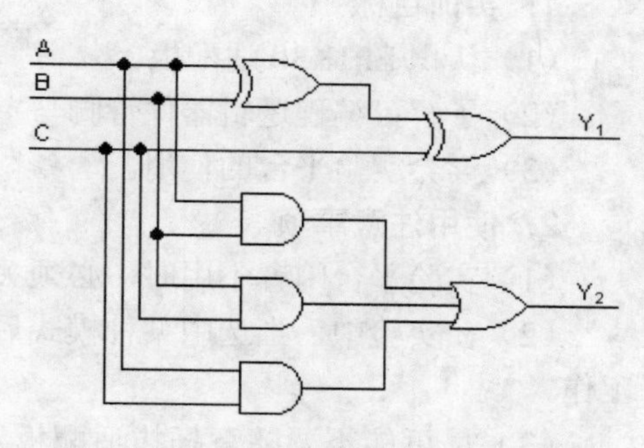

图 1-22　供电控制电路逻辑图

（5）实验箱上搭建电路。将输入变量 A、B、C 分别接到数字逻辑开关 k_1（对应信号灯 LED_1）、k_2（对应信号灯 LED_2）、k_3（对应信号灯 LED_3）接线端上，输出端 Y 接到“电位显示”接线端上。将面包板的 U_{cc} 和“地”分别接到实验箱的+5V 与“地”的接线柱上，检查无误后接通电源。

（6）将输入变量 A、B、C 的状态按表 1-16 所示的要求变化，观察“电位显示”输出端的变化，并将结果记录到表 1-16 中。

表 1-16　供电控制电路实训结果

输　入			输　出
LED_1	LED_2	LED_3	电 位 输 出
暗	暗	暗	
暗	暗	亮	
暗	亮	暗	
暗	亮	亮	
亮	暗	暗	
亮	暗	亮	
亮	亮	暗	
亮	亮	亮	

4．实训报告

（1）写出设计过程。

（2）整理实训记录表，分析实训结果。

（3）画出用与非门、或非门和非门实现该电路的逻辑图。

1.4.2　认识 GW48-PK2 教学实验平台

GW48-PK2 是杭州康芯电子有限公司开发的 EDA 教学平台，主要由开发主板和可编程逻辑器件适配板组成。从物理结构上看，实验板的电路结构是固定的，但系统的实验电路结构可以通过接口按键的操作，在主控器的控制下使其结构发生改变。这种“多任务重配置”设计方案能够达到两个目的：一个是用同一块适配板完成更多的实验项目开发；另一个是通过更换适配板，开发不同类型或不同封装的可编程逻辑器件。

1．实训目标

（1）认识 EP1K30 适配板。

（2）了解可编程逻辑器件管脚与主系统的连接关系。

（3）学会实验平台的使用。

2．使用注意事项

（1）实验平台闲置不用时，必须关闭电源，拔下电源插头。

（2）在实验中，当选中某种模式后，要按一下右侧的复位键，以使系统进入该结构模式工作。

（3）尽可能不要随意插拔适配板及实验系统上的其他芯片。更换目标芯片时要特别注意，不要插反或插错，也不要带电插拔，确定插对后才能开电源。

（4）对于右下角的“时钟频率选择”区的 $CLOCK_0$ 上的短路帽，平时不要插在 50M 或 100M 的高频处，以免高频辐射。

3．开关与跳线

GW48-PK2 教学平台上有一些开关和跳线，可以将系统设置为不同的工作状态。这些开关和跳线可以带电操作。

（1）主板左侧上方开关（+/–12V 电源）是默认向下的，即关闭电源。该电源有指示灯，是模拟信号发生源的电源，需要模拟信号时，可以打开。

（2）左侧中部的“下载允许开关”默认向上（即 DLOAD，允许下载），表示可以向适配板上的可编程逻辑器件下载程序。当拨向下（即 LOCK，锁定）时，将关闭下载口，这时可以将下载并行线拔下，已经下载进 FPGA 的文件不会由于下载接口线的电平变动而丢失。

（3）主板右侧开关默认拨向右（TO_MCU），其功能是使 PC 机的 RS232 串行接口与单片机的 P3.0 和 P3.1 口相接。

（4）中部的跳线座 SPS 默认向下短路，即禁止测频。

（5）左下角拨码开关除第 4 档“DS8 使能”向下拨（数码管 8 显示使能）外，其余皆默认向上。

（6）主板左侧中部的跳线座 JP6 是对芯片 I/O 电压作选择。对 5V 器件，如 EPF10K10、EPF10K20、EPM7128S 等，必须短接 5.0V 一端。而对低于或等于 3.3V 的器件，如 EP1K30、EP1K50、EPF10K30E 等，要短接 3.3V 一端。

（7）跳线座 JP5 是编程模式选择。只有对 Cyclone 系列芯片进行配置时，短路 ByBtⅡ端；对其他芯片下载时，短路 Others 一端。

4．按键与指示灯

（1）模式选择键：按动该键能使实验平台产生 12 种不同的电路结构，并通过“模式指示”数码管显示电路结构编号。例如选择 No.6 电路结构，就按动模式选择键，直到数码管显示 6，系统即进入 No.6 电路图所示的实验电路结构。

（2）键 1～键 8：实验信号控制键，此 8 个键受“多任务重配置”电路控制，键的输出信号没有抖动问题。这 8 个键在每一张电路图中的功能及其与主系统的连接方式随模式选择的改变而变，使用时需参照模式选择的电路图。

（3）键 9～键 14：实验信号控制键，此 6 个键不受“多任务重配置”电路控制，用跳线与适配板相连，存在抖动问题，可以通过这几个键完成消抖动电路的设计练习。

（4）发光管 VD_1～VD_{16}：受“多任务重配置”电路控制，与主系统的连线形式需参照选择的实验电路图。

（5）数码管 1～8：受“多任务重配置”电路控制，与主系统的连线形式也需参照选择的实验电路图。

5．时钟与扬声器

（1）时钟频率选择：共有 4 组时钟输入端：$CLOCK_0$、$CLOCK_2$、$CLOCK_5$ 和 $CLOCK_9$。通过跳线短路帽的不同接插方式，使目标芯片获得不同的时钟频率信号，每一组频率源及其对应时钟输入端，分别只能插一个短路帽。例如 $CLOCK_0$ 时钟组，其信号频率范围：0.5Hz～50MHz。但同时只能插一个短路帽，以便选择输出 $CLOCK_0$ 的一种频率。

（2）扬声器：目标芯片声信输出，与目标芯片的 SPEAKER 端相接，通过此口可以利用声音了解信号的频率或直接输出音乐。

6．适配板

GW48-PK2 教学平台可以配置多种适配板，开发不同的芯片要选取不同的适配板。这里以 GWAK30 为例介绍，板上的目标芯片是 Altera 公司的 EP1K30TC144-1 可编程逻辑器件，最大可编程逻辑门是 119000 个，共有 144 个管脚。其管脚功能名称及编号如表 1-17 所示。

表 1-17　管脚功能名称及编号表

名　称	管脚编号	名　称	管脚编号	名　称	管脚编号	名　称	管脚编号
I/O_0	8	I/O_{19}	33	I/O_{38}	83	I/O_{67}	7
I/O_1	9	I/O_{20}	36	I/O_{39}	86	I/O_{68}	119
I/O_2	10	I/O_{21}	37	I/O_{40}	87	I/O_{69}	118
I/O_3	12	I/O_{22}	38	I/O_{41}	88	I/O_{70}	117
I/O_4	13	I/O_{23}	39	I/O_{42}	89	I/O_{71}	116
I/O_5	17	I/O_{24}	41	I/O_{43}	90	I/O_{72}	114
I/O_6	18	I/O_{25}	42	I/O_{44}	91	I/O_{73}	113
I/O_7	19	I/O_{26}	65	I/O_{45}	92	I/O_{74}	112
I/O_8	20	I/O_{27}	67	I/O_{46}	95	I/O_{75}	111
I/O_9	21	I/O_{28}	68	I/O_{47}	96	I/O_{76}	11
I/O_{10}	22	I/O_{29}	69	I/O_{48}	97	I/O_{77}	14
I/O_{11}	23	I/O_{30}	70	I/O_{49}	98	I/O_{78}	110
I/O_{12}	26	I/O_{31}	72	I/O_{60}	137	I/O_{79}	109
I/O_{13}	27	I/O_{32}	73	I/O_{61}	138	SPEAKER	99
I/O_{14}	28	I/O_{33}	78	I/O_{62}	140	$CLOCK_0$	126
I/O_{15}	29	I/O_{34}	79	I/O_{63}	141	$CLOCK_2$	54
I/O_{16}	30	I/O_{35}	80	I/O_{64}	142	$CLOCK_5$	56
I/O_{17}	31	I/O_{36}	81	I/O_{65}	143	$CLOCK_9$	124
I/O_{18}	32	I/O_{37}	82	I/O_{66}	144		

7．实验电路结构图

GW48-PK2 实验平台能够提供 12 种不同的电路结构，每种电路结构对应一张电路结构图。由于本书的大部分实验都能够在 No.6 实验电路上实现，就以 No.6 为例介绍，如图 1-23 所示。

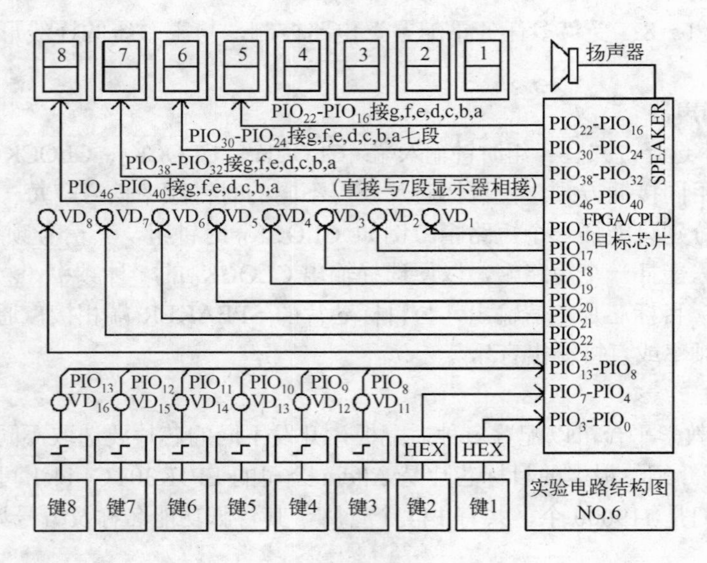

图 1-23　No.6 电路结构

（1）电路结构：键 8～键 3 接高低电平发生器，每按键一次，输出电平由高到低、或由低到高变化一次，对应的发光管是 VD_{16}～VD_{12}。当键按下时，输出为高电平，按键对应的发光管变亮；键抬起时，输出低电平，对应的发光管变暗。键 2 和键 1 是十六进制码（8421 码）发生器，对应的按键控制输出由 4 位二进制构成的 1 位十六进制数码，数码的范围是 0000～1111，即十六进制的 0～F。每按键一次，输出递增 1，进入目标芯片的 4 位二进制数以十六进制形式显示在该键对应的数码管 2 或 1 上。

（2）电路图与芯片管脚对应关系：为了便于设计，对照表和图，把电路图上的输入、输出接口与适配板上芯片管脚的对应关系列表，如表 1-18 所示。

表 1-18　实验电路结构图 No.6 管脚对应表

名　称	按键指示灯	管 脚 名 称	管 脚 编 号
键 8	VD_{16}	PIO_{13}	27
键 7	VD_{15}	PIO_{12}	26
键 6	VD_{14}	PIO_{11}	23
键 5	VD_{13}	PIO_{10}	22
键 4	VD_{12}	PIO_{9}	21
键 3	VD_{11}	PIO_{8}	20
键 2（十六进制）	数码管 2	PIO_7～PIO_4	19、18、17、13
键 1（十六进制）	数码管 1	PIO_3～PIO_0	12、10、9、8
指示信号灯	VD_8	PIO_{23}	39
	VD_7	PIO_{22}	38
	VD_6	PIO_{21}	37

（续）

名　　称	按键指示灯	管 脚 名 称	管 脚 编 号
指示信号灯	VD_5	PIO_{20}	36
	VD_4	PIO_{19}	33
	VD_3	PIO_{18}	32
	VD_2	PIO_{17}	31
	VD_1	PIO_{16}	30
数码管	数码管 8（a~g）	PIO_{40}～PIO_{46}	87、88、89、90、91、92、95
	数码管 7（a~g）	PIO_{32}～PIO_{38}	73、78、79、80、81、82、83
	数码管 6（a~g）	PIO_{24}～PIO_{30}	41、42、65、67、68、69、70
	数码管 5（a~g）	PIO_{16}～PIO_{22}	30、31、32、33、36、37、38
扬声器	SPEAKER	I/O_{50}	99
时钟	$CLOCK_0$	$INPUT_1$	126
	$CLOCK_2$	$INPUT_3$	54
	$CLOCK_5$	I/O_{53}	56
	$CLOCK_9$	$GCLOCK_2$	124

8．实训报告

（1）实验平台使用时应注意哪些问题？

（2）记录 GW48-PK2 的开关与跳线设置。

（3）如何使实验平台进入 No.6 实验电路模式？

（4）说明按键 1、2 与其他按键的区别。

1.5　习题

1．填空题

（1）一般把 EDA 技术的发展分为（　　）、CAED、（　　）和（　　）4 个阶段。

（2）目前应用较多并成为 IEEE 标准硬件描述语言主要有（　　）和（　　）两种。

（3）基于 EPROM、E^2PROM 和 Flash ROM 的可编程逻辑器件，系统断电编程信息（　　）、采用 SRAM 结构的可编程逻辑器件，系统断电编程信息（　　）。

（4）根据结构特点，PLD 分为（　　）、（　　）和（　　）3 大类。

（5）PLD 的基本结构通常用点阵表示，一般在线段的交叉处加（　　）表示固定连接、加（　　）表示可编程连接。

2．单项选择题

（1）可编程逻辑器件 PLD 属于（　　）电路。

A．非用户定制　B．全用户定制　C．自动生成　D．半用户定制

（2）不属于 PLD 基本结构部分的是（　　）。

A．与门阵列　B．或门阵列　C．输入缓冲器　D．与非门阵列

（3）在下列器件中，不属于 PLD 的器件是（　　）。

A．PROM　B．PAL　C．SRAM　D．PLA

（4）GAL 是指（　　）。

A．可编程逻辑阵列　　　　B．可编程阵列逻辑

C．通用阵列逻辑　　　　D．专用阵列逻辑

3．化简下列逻辑函数，并画出用与非门构成的逻辑图。

（1） $Y = AB + \overline{ABC} + \overline{A}B\overline{C} + A\overline{BC}$

（2） $Y = AB + \overline{BC} + A\overline{C} + AB\overline{C} + \overline{ABCD}$

（3） $Y = \overline{A\overline{BC}} + \overline{A}BC + B\overline{C} + A\overline{B}$

4．分析如图 1-24 所示的逻辑电路的功能，并列出真值表。

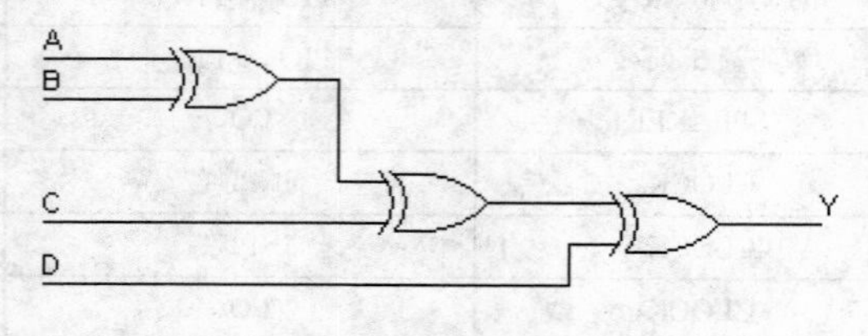

图 1-24　逻辑电路

5．各边沿触发器如图 1-25 所示，CP 及 A、B 输入的波形已知，$Q^n=0$，写出 Q^{n+1} 的逻辑表达式，并画出 Q 端波形。

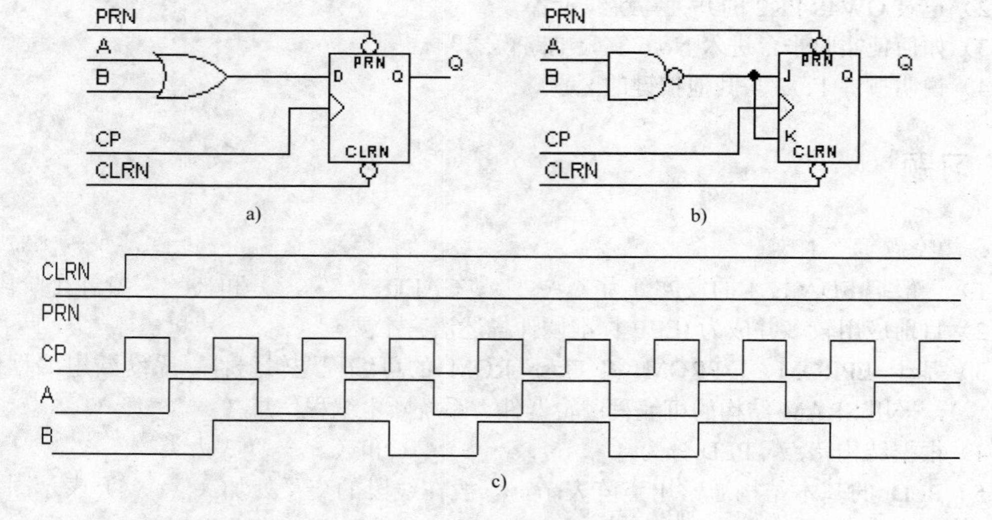

图 1-25　时序逻辑电路及波形

6．常见的可编程逻辑器件有哪几种编程工艺？其中哪些工艺是非易失性的？

7．CPLD 与 FPGA 在结构上有何区别？编程配置方法有何不同？

第 2 章　Quartus Ⅱ开发软件

本章要点

- Quartus Ⅱ软件的获得
- Quartus Ⅱ设计向导
- 应用 Quartus Ⅱ分析逻辑电路

2.1　软件的获得与安装

数字系统的设计离不开 EDA 软件。常用的 EDA 开发软件可分为两类：一类是由芯片制造商提供的，如 Altera 公司开发的 MAX+plus Ⅱ和 Quartus Ⅱ软件包、Xilinx 公司开发的 Foundation 软件包；另一类是由专业 EDA 软件商提供的，也称为第 3 方设计软件，较为著名的有 Cadence、Mental、Synopsys 等。芯片商提供的软件比较适合自己的产品，第 3 方软件往往能够开发多家公司的器件，但需要芯片商提供器件库和适配器软件。由于 Altera 公司非常支持教育，专门为广大学生和科研人员提供用于学习的开发软件和硬件产品，因此本书以讲解 Altera 公司的软件为主。

2.1.1　软件的获得

Quartus Ⅱ软件包是 MAX+plus Ⅱ的升级版本，Altera 公司的第 4 代开发软件，能够支持逻辑门数在百万门以上的逻辑器件的开发，并且为第 3 方工具提供了无缝接口。其界面友好，集成化程度高、易学、易用，配备了适用于各种需要的元件库，包括基本逻辑元件库（如逻辑门、D 触发器和 JK 触发器等）和宏功能元件（几乎包含所有 74 系列的芯片），非常适合初学者学习，直接输入元件符号，连接成电路，就可仿真出结果，而无需精通器件内部的复杂结构，软件能将这些设计转换成系统所需要的格式并自动优化。Quartus Ⅱ支持的器件有：Stratix Ⅱ、Stratix GX、Stratix、Mercury、MAX3000A、MAX7000B、MAX7000S、MAX7000AE、MAX Ⅱ、FLEX6000、FLEX10K、FLEX10KA、FLEX10KE、Cyclone、Cyclone Ⅱ、APEX Ⅱ、APEX20KC、APEX20KE 和 ACEX1K 系列。

Quartus Ⅱ软件包的编程器是系统的核心，提供功能强大的设计处理，设计者可以添加特定的约束条件来提高芯片的利用率。在设计流程的每一步，Quartus Ⅱ软件能够引导设计者将注意力放在设计上，而不是软件的使用上。同时，自动的错误定位、完备的错误和警告信息，使设计修改变得简单容易。Quartus Ⅱ与 MATLAB 的 Simulink 和 DSP Builder 结合，是开发 DSP 硬件系统的关键 EDA 工具；Quartus Ⅱ与 SOPC Builder 结合，能够开发 SOPC（System On a Programmable Chip）系统，是一款很有发展前途的 EDA 软件。Altera 公司的 Quartus Ⅱ Web Edition（v9.0）软件可以到 Altera 公司的网站上下载，参考以下步骤：

（1）进入公司网站首页，网址是http://www.altera.com。单击网页右上角的“Download Center”按钮，进入下载中心，如图 2-1 所示。

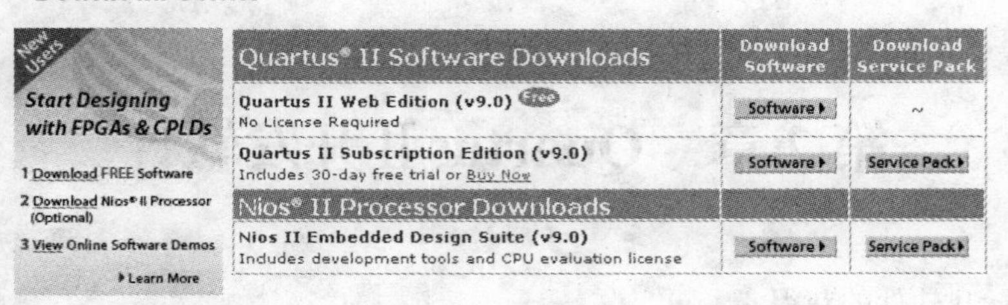

图 2-1　下载中心

（2）单击 Quartus II Web Edition（v9.0）后的“Software”按钮，进入 Quartus II Web Edition Software（v9.0）下载窗口，如图 2-2 所示。

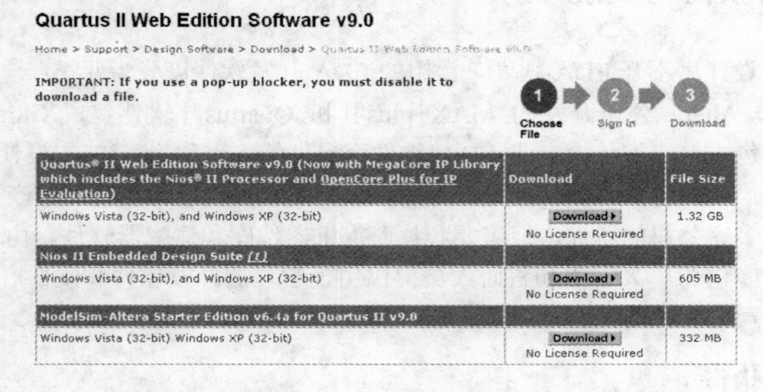

图 2-2　Quartus II Web Edition Software（v9.0）下载窗口

（3）单击 Windows XP 后的“Download”按钮，出现如图 2-3 所示的账户管理界面。

图 2-3　账户管理界面

（4）在 Enter your email address 下方的对话框中输入邮箱地址，单击“Create Account”按钮，在弹出的账户注册页面中输入个人信息（只能用英文），将输入的用户名（在 Create User Name 栏输入）和密码（在 Create　Password 栏输入）记好，以便再次登录时使用。单击“Create Account”按钮，注册成功将显示如图 2-4 所示界面。

图 2-4　账户生成提示

（5）单击“Continue”按钮，弹出如图 2-5 所示文件下载窗口。

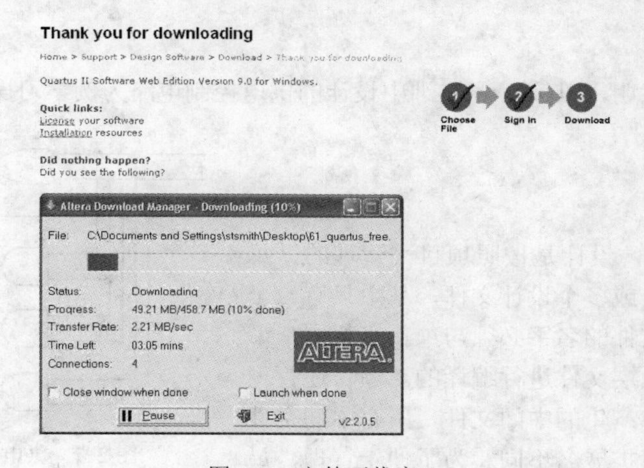

图 2-5　文件下载窗口

（6）单击下载窗口最下方的 Click to Download Your File Now 链接，弹出下载对话框，选择文件保存路径后，等待下载完成。由于文件较大（1.32GB），最好使用下载工具下载。

2.1.2　安装与授权

1．安装

双击下载软件 90_quartus_free 的图标，出现图 2-6 所示的安装向导。

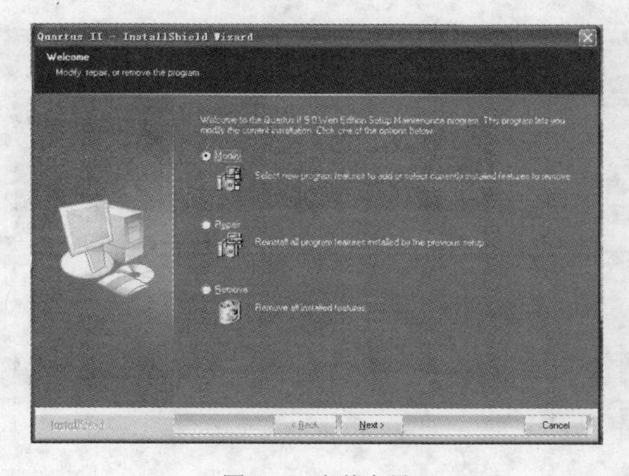

图 2-6　安装向导

单击“Next”按钮开始安装，Quartus II Web Edition（v9.0）软件的安装比较简单，按照提示即可完成安装工作。

2．授权

由于 Quartus II Web Edition（v9.0）软件是免费的学习版，不需要授权，安装完成后就可以使用。不同的授权文件具有不同的权限，学习版或基本版授权的软件在使用时会受到某些限制，例如有些功能或器件不可用，但对于学习软件的使用方法及其开发过程并不影响。其他版本的软件在安装完成之后，还需要完成授权工作，才能保证软件的正常工作。

2.2 设计向导

为使介绍言简意明，以第 1 章实训中设计的供电控制电路为例学习操作，供电控制电路如图 2-7 所示。

2.2.1 项目建立

在 Quartus II 中，设计是按照项目来管理的，每个项目中可包含一个或多个设计文件，其中只有一个是顶层文件，顶层文件的名字必须与项目名相同，编译器是对项目中的顶层文件进行编译的。项目还管理着多个在设计过程中产生的中间文件，所有中间文件的文件名都相同，仅扩展名不同。为了便于管理，最好为每个新项目建立一个单独的文件夹。

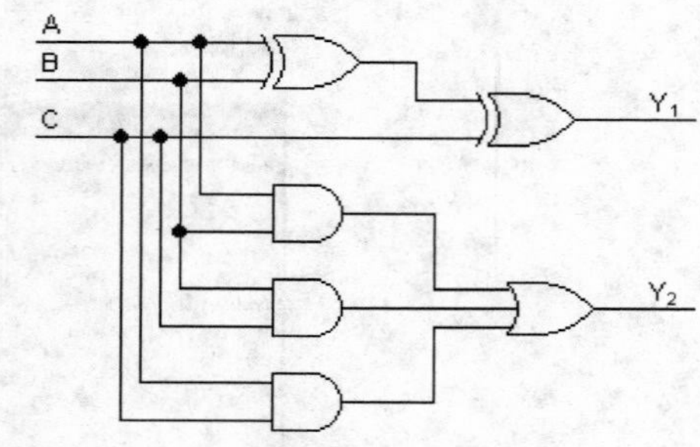

图 2-7 供电控制电路逻辑图

1．项目准备

在 F 盘根目录下建立 F:\Example 文件夹作为项目文件夹，项目名是 Control，项目仅含一个设计文件，顶层设计文件名也是 Control，采用图形输入方式。

2．启动软件

单击桌面上的图标或单击“开始”→“所有程序”→Altera→Quartus II 9.0 Web Edition→Quartus II 9.0 Web Edition，如图 2-8 所示。

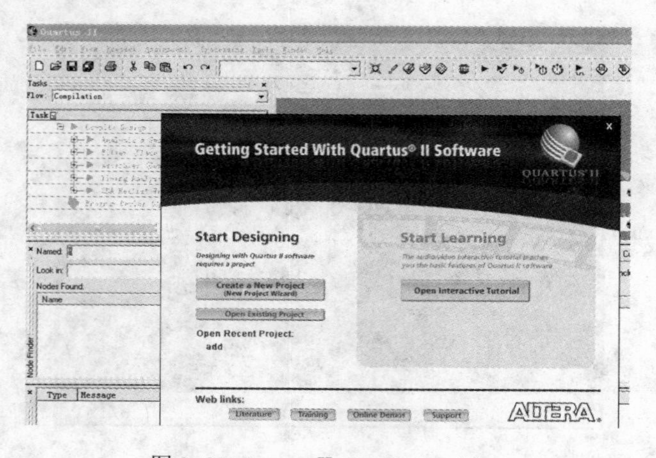

图 2-8 Quartus II 9.0 Web Edition

3．打开项目建立向导

单击图 2-8 中的“Create a New Project”按钮，弹出如图 2-9 所示的新项目建立向导介绍界面。

单击“Next”按钮，打开如图 2-10 所示的新项目建立向导对话框。

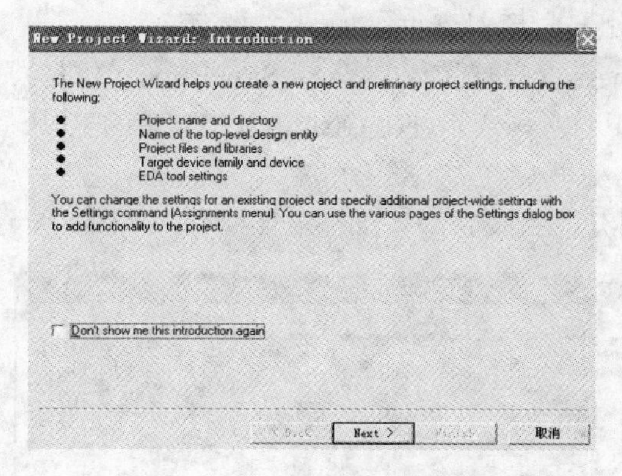

图 2-9　新项目建立向导介绍

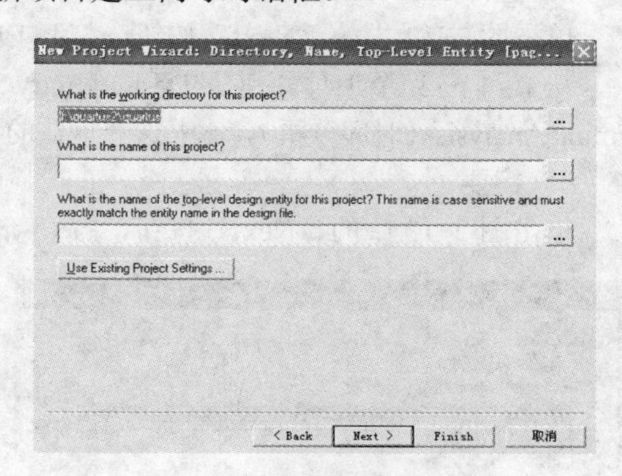

图 2-10　项目建立向导

4．建立项目

单击第 1 个对话框右侧的…按钮，在弹出的窗口中选择 F:\Example 文件夹，单击“打开”按钮，然后在第 2 个对话框中输入项目名，在第 3 个对话框中输入顶层设计文件名。项目和文件名称可由字母、数字和下划线组成。在本例中项目和顶层文件名均为 Control。

5．添加文件

单击图 2-10 中的“Next”按钮，打开添加文件对话框，如图 2-11 所示。

由于采用图形输入方式，在 File name 对话框中输入 Control.bdf（.bdf 为图形文件的扩展名），然后单击“Add”按钮，添加该文件。

6．选择器件

单击图 2-11 中的“Next”按钮，打开器件设置对话框，如图 2-12 所示。

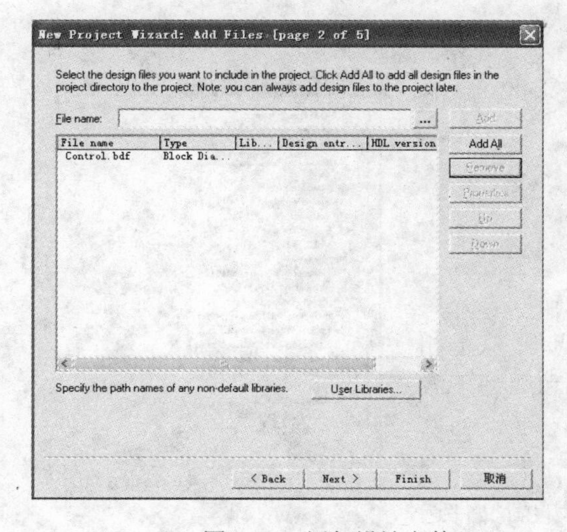

图 2-11　添加设计文件

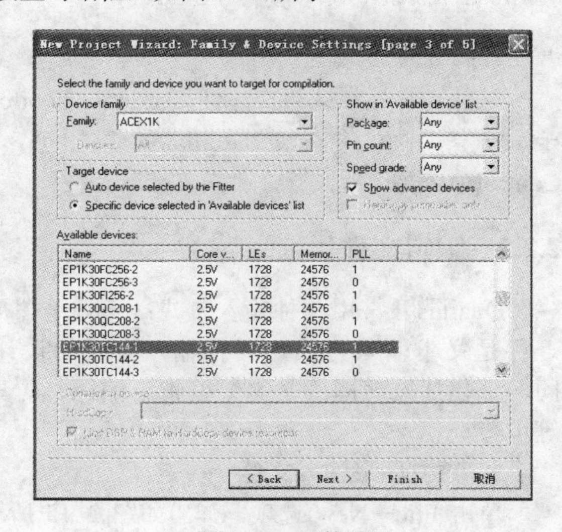

图 2-12　器件设置

根据系统设计的实际需要选择目标芯片系列及相应的芯片，也可以根据 Package（封装形式）、Pin count（管脚数量）、Speed grade（速度等级）选定芯片。由于本书使用康芯 GW48-PK2 实验箱，因此选用与其适配板上相同的 ACEX1K 系列的 EP1K30TC144-1 芯片。

7．选择 EDA 工具

单击图 2-12 中的“Next”按钮，打开 EDA 工具设置对话框，如图 2-13 所示。

从上到下 3 个工具分别是 Design Entry/Synthesis（设计实体/综合）、Simulation（仿真）、Timing Analysis（时间分析）。本书选择默认的 None 选项，表示使用 Quartus II 中自带的工具。

8．摘要

单击图 2-13 中的“Next”按钮，打开新项目建立摘要窗口，如图 2-14 所示。

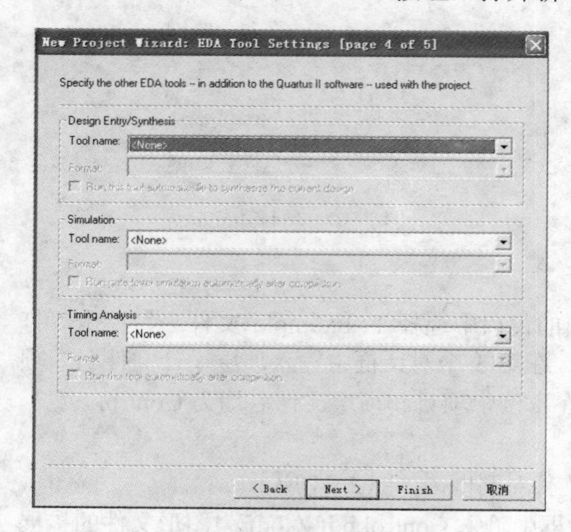

图 2-13　EDA 工具设置

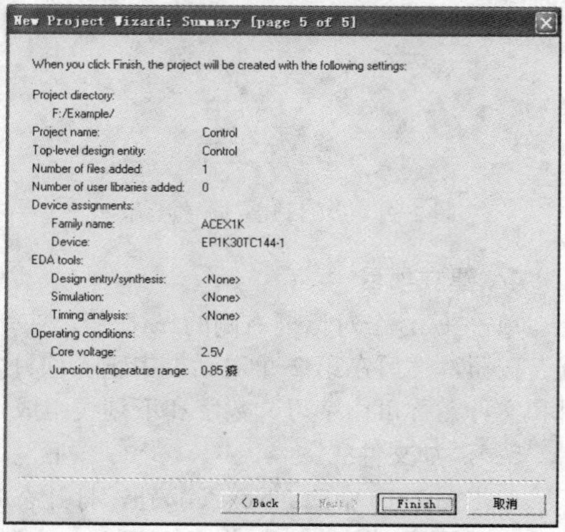

图 2-14　新项目建立摘要

仔细阅读摘要信息与设计是否相同，若不同可单击“Back”按钮返回修改。最后单击“Finish”按钮，关闭新项目建立向导。

☞注意：

软件的标题栏必须变为 F:/Example/Control-Control，表示当前项目工作在 F:\Example 文件夹下、项目名是 Control、顶层设计文件名也是 Control。

2.2.2　编辑文件

Quartus II 常用两种输入方式：一种是图形输入方式、一种是文本输入方式。两种输入方式的设计步骤基本相同，都包括原理图（文本）编辑、编译、仿真和编程下载等步骤。

1．建立图形输入文件

单击 File→New 选项，弹出如图 2-15 所示的新文件选择对话框。

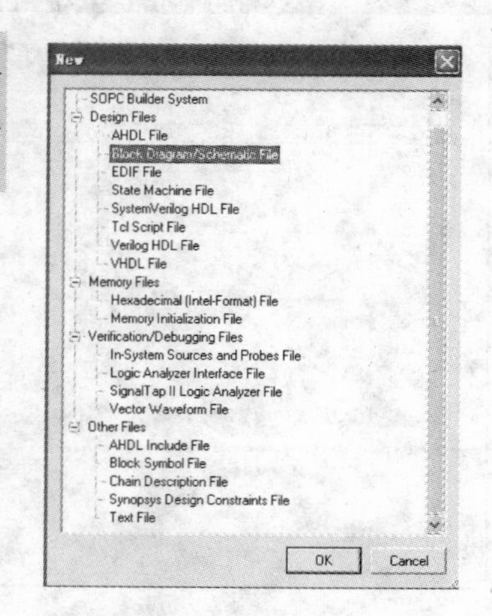

图 2-15　新文件选择

选中 Block Diagram/Schematic File（图形输入方式）选项，单击“OK”按钮确认。进入图形编辑器的编辑环境，编辑窗口如图 2-16 所示。

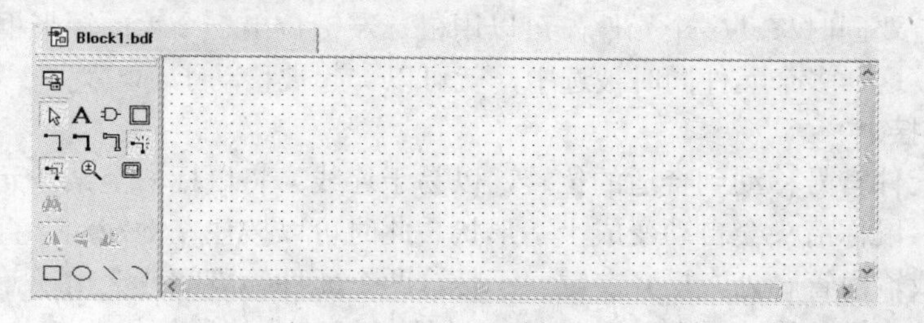

图 2-16　图形编辑窗口

2．输入元件及管脚

在图 2-16 所示图形编辑窗口中图形编辑区的任意位置上双击，即可弹出元件输入对话框，如图 2-17 所示。

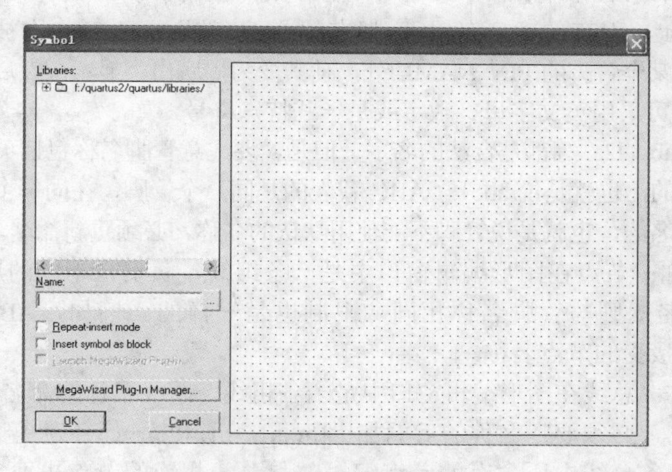

图 2-17　元件输入对话框

输入元件有两种方式：一种是在 Name 对话框中直接输入元件名称，如输入 AND2（两个输入端的与门）、NOR3（3 个输入端的或非门）等；一种是调用库文件中的元件，展开 f:/quartus2/quartus/libraries/，从列表中选择器件，如 7400（两个输入端的与非门）、74161（四位二进制异步清零递增计数器）等。这两种方式都必须了解每个元件的名称、用法乃至特性，以便在设计中正确地使用。输入软件名称后，单击“OK”按钮，自动关闭元件输入对话框，在图形编辑窗口中图形编辑区的适当位置单击鼠标，即输入一个元件。

按照供电控制电路的要求，依次输入 XOR（异或门）两个、AND2（与门）3 个、OR3（或门）1 个、INPUT（输入管脚）1 个、OUTPUT（输出管脚）1 个。

3．元件的复制和移动

有的设计可能用到多个同种元件，简单的办法是输入一个元件后进行复制。方法十分简单：可单击准备复制的元件或用鼠标对该元件画矩形框（定位于某一点，按下鼠标左键并向元件对角方向拖动），元件的轮廓变成蓝色实线，表示已经选中该元件，然后按住〈Ctrl〉键，对该元件拖动，即可拖出一个被复制的元件。

元件需要移动时，可用鼠标拖动图形编辑区中的元件图形符号，元件就能随着鼠标的滑动而任意移动。左键释放，则图形元件定位。用这样的方法可以把元件或者图形符号摆放到适当的位置。若要同时移动多个元件，可以用鼠标左键拉出一个大的矩形框，把要移动的元件都包围起来。这样多个元件同时被选中，就可以一起被移动了。

4．电路连接

首先将各元件符号移动到合适的位置，以易于连线。将鼠标移至某一元件符号的外轮廓边缘的管脚处，鼠标箭头会自动变成十字形状。此时可以按住左键拖动，直至另一个需要连接的元件输入或输出管脚处，松开左键。于是这两个元件管脚间就会出现蓝颜色的连线。蓝色表示“选中”，可以移动、删除和复制。进行任何其他的鼠标操作都将使连线变成红色（固化）。画折线时，可在转折处松开鼠标左键一下再按住，继续拖动即可。用上述方法，连接所有需要连接的元件和输入输出管脚。

5．元件命名

（1）管脚名称：在图形编辑器中，输入、输出管脚是 prim 库中的特殊“元件”，名字分别是 input 和 output。所有的输入输出管脚在输入到编辑区之初，均被系统默认命名为 PIN_NAME。双击某个管脚的 PIN_NAME 处，使其变为黑底白字显示，然后直接输入所定义的管脚名。管脚命名可采用英文字母、数字或是一些特殊符号，如“/”、“—”、“-”等。例如。A1、b0、D/dl、3_ab、l2a 等都是合法的名字。但是，要注意管脚名称包括英文字母的大小写所代表的意义是相同的，也就是说 abc 与 ABC 代表的是同一个管脚，在同一个设计文件中的管脚名称是绝对不能重名的，也就是说管脚不能使用默认的名称，必须重新命名。

（2）节点名称：节点在图形编辑窗口中是一条细线，负责在不同的逻辑器件间传送信号，其名称的命名规则与管脚名称相同，限制也是一样的。例如，ABc、SIGN-b、Ql、123_a 等都是可以接受的节点名称。

（3）总线名称：总线在图形编辑窗口中是一条粗线。总线名称的命名规则与管脚和节点名称有很大的不同，必须要在名称的后面加上[m..n]，m 和 n 都必须是整数，如 Q[3..0]、A[0..7]等，表示一条总线内所含有的节点编号。与总线相连的节点也要命名，例如与总线 Q[3..0]相连的 4 个节点分别命名为 Q[0]、Q[1]、Q[2]、Q[3]，表示信号的分配关系。一条总线代表很多节点的组合，可以同时传送多路信号，最少可代表两个节点的组合，最多可代表 256 个节点的组合，即总线编号最大是[255..0]或[0..255]。

以同样方法修改所有的输入、输出管脚名，编辑完成的电路如图 2-18 所示。

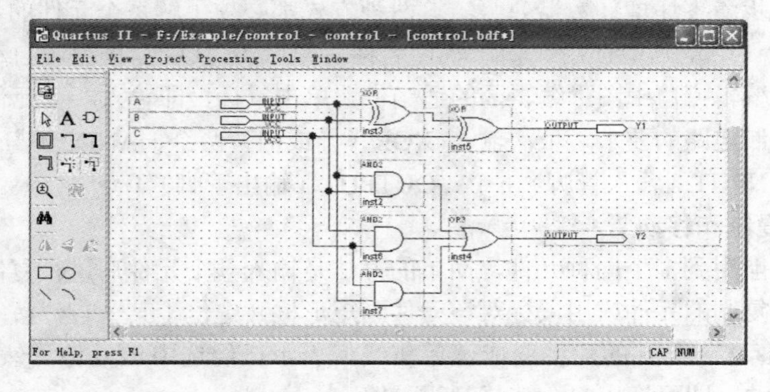

图 2-18　供电控制电路

6．保存

单击图形编辑窗口 File→save 菜单，以 Control 为文件名，保存当前文件。

☞注意：

文件名与项目名必须相同且在同一个文件夹下。

2.2.3 编译和仿真

在编译前，设计者可以通过设计指导编译器使用不同的综合和适配技术（如时序驱动技术等），以便提高设计项目的工作速度，优化器件的资源利用率，在编译过程中及编译完成后，可以从编译报告中获得详细的编译结果，以利于设计者及时调整设计方案。

1．编译

单击标题栏中的 Processing→Start Compilation 选项，启动全程编译。编译包括对设计输入的多项处理操作，其中包括排错、数据网表文件提取、逻辑综合、适配、装配文件（仿真文件与编程配置文件）生成，以及基于目标器件的项目时序分析等。如果项目文件中有错误，在下方的信息栏中会显示出来。可双击此条提示信息，在闪动的光标处（或附近）仔细查找，改正后存盘，再次进行编译，直到没有错误为止。另外，可能会出现一些警告信息，可以阅读一下，多数不需要修改。编译成功后可以看到编译报告，如图 2-19 所示。

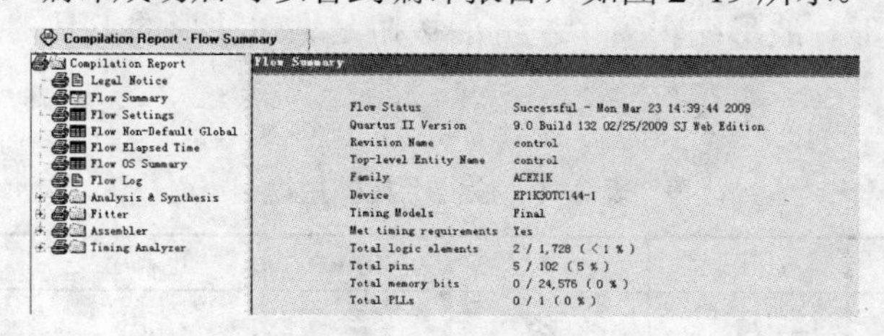

图 2-19 编译报告

左边栏目是编译处理信息目录，右边是编译报告。这些信息也可以通过单击 Processing→Compilation Report 选项见到。

2．仿真

仿真就是对设计项目进行一项全面彻底的测试，以确保设计项目的功能和时序特性符合设计要求，保证最后的硬件器件功能与原设计相吻合。仿真可分为功能仿真和时序仿真。功能仿真只测试设计项目的逻辑行为，而时序仿真不但测试逻辑行为，还测试器件在最差条件下的工作情况。

（1）仿真前必须建立波形文件。单击 File→New 选项，打开文件选择窗口，展开 Verification/Debugging Files 选项卡，选择其中的 Vector Waveform File 选项，单击“OK”按钮，即出现空白的波形编辑器，如图 2-20 所示。

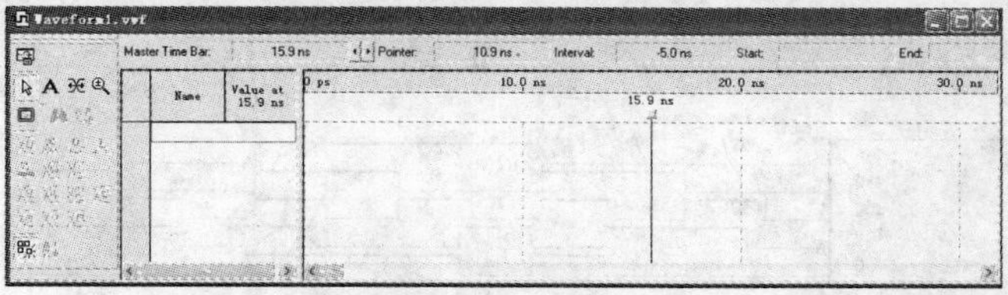

图 2-20 波形编辑器

（2）为了使仿真时间设置在一个合理的时间区域上，单击 Edit→End Time 选项，在弹出窗口中的 Time 输入框输入 2，单位选μs，即整个仿真域的时间设定为 2μs；单击 Edit→Grid Size 选项，在弹出窗口中的 Period 输入框输入 50，单位选 ns，即设定仿真时间周期为 50ns。

结束设置后，要将波形文件存盘。单击 File→Save 选项，将波形文件以默认名存入文件夹 F:\Example 中。

（3）单击 View→Utility Windows→Node Finder 选项，会打开一个对话框。单击该对话框的 Filter 输入框右侧的下拉按钮，选中 Pins：all，然后单击“list”按钮。在下方的 Nodes Found 窗口中会出现设计项目的所有端口管脚名，如图 2-21 所示。

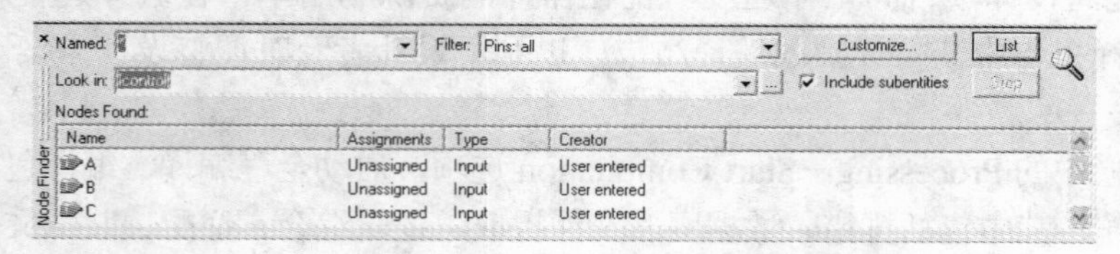

图 2-21　管脚信息

用鼠标将输入端口节点 A、B、C 和输出信号节点 Y_1、Y_2 逐个拖到波形编辑窗口后，单击图 2-21 中的关闭按钮，关闭 Node Finder 窗口。

（4）编辑输入波形。波形编辑窗口左侧的按钮是编辑波形的工具，具体的用途如表 2-1 所示。

表 2-1　按钮工具的用途

按钮图标	用　途	按钮图标	用　途	按钮图标	用　途	按钮图标	用　途
	分离窗口		查找		高阻		计数器
	选择		返回		弱信号不定		时钟信号
	文本		初始值		弱信号低电平		任意数值
	波形编辑		不定状态		弱信号高电平		随机数值
	调整焦距		0		任意状态		对齐网格
	全屏幕		1		相反状态		排序

先使用调整焦距工具调整波形坐标间距，选中该工具，在波形编辑区单击鼠标，右键放大、左键缩小，调整到坐标间距 50ns 或 100ns，间距过小不利于设置和观察波形。再利用其他按钮工具，根据输入信号的不同状态组合，分别给输入管脚编辑波形。

（5）单击标题栏中的 Processing→Start Simulation 选项，即可启动仿真。仿真结果如图 2-22 所示。

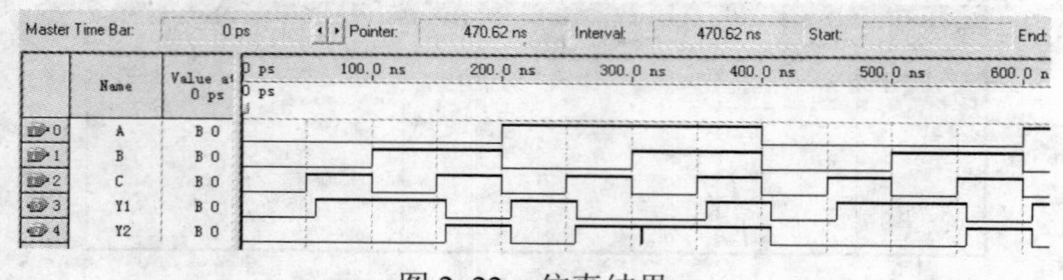

图 2-22　仿真结果

根据供电控制电路的功能要求，通过输入波形和输出波形的关系，验证电路，如果与要求不符，就要修改电路，再次编译、仿真。从图 2-22 中可以看出，电路有着明显的延时，Y_2 在 300ns 附近有毛刺，是由于信号 B 和 C 变化不同步造成的，多数数字系统都存在延时和毛刺。

2.2.4 器件编程

仿真分析能够将设计电路的逻辑功能用波形的形式表现出来，检验电路功能。通过仿真分析后，就可以使用 QuartusⅡ软件的编程器把设计下载到可编程逻辑器件中，进一步验证电路功能并实现电路。

1．管脚锁定

管脚锁定是指将设计文件的输入输出信号分配到器件管脚的过程，步骤如下：

（1）单击标题栏中的 Assignments→Assignments Editor 选项，出现配置编辑器窗口，在 Category 下拉框中选择 Pin 选项，如图 2-23 所示。

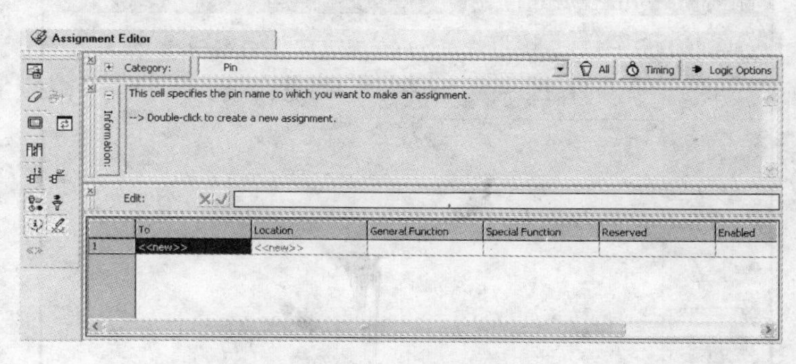

图 2-23　配置编辑器

（2）双击 To 下的<<new>>，出现的下拉菜单列出设计项目的全部输入和输出管脚名，单击其中一个管脚，其管脚名即出现在第 1 行。

（3）双击 Location 下的<<new>>，出现的下拉菜单列出所选用芯片的所有可用管脚，可根据使用实验箱的具体情况锁定管脚。例如采用康芯 GW48-PK2 实验平台的 No.6 电路结构，可将 A 对应 27（键 8）。

（4）按照同样的方法，将其他管脚一一锁定。管脚对应情况如下：A（键〈8〉，〈27〉），对应的指示灯为 VD_{16}；B（键〈7〉，〈26〉），对应的指示灯为 VD_{15}；C（键〈6〉，〈23〉），对应的指示灯为 VD_{14}；Y_1（38），对应的指示灯为 VD_7；Y_2（39），对应的指示灯为 VD_8，如图 2-24 所示。

Edit: PIN_39

	To	Location	General Function	Special Function	Reserved	Enabled
1	A	PIN_27	Row I/O			Yes
2	B	PIN_26	Row I/O			Yes
3	C	PIN_23	Row I/O			Yes
4	Y1	PIN_38	Column I/O			Yes
5	Y2	PIN_39	Column I/O			Yes

图 2-24　锁定管脚

（5）关闭配置编辑器，出现保存配置的提示信息，一定要选择“是”。

（6）单击标题栏中的 Processing→Start Compilation 选项，启动全程编译。编译成功后，就可以将设计的程序下载到可编程逻辑芯片中。

2．编程

在编译成功后，Quartus II 软件将自动生成编程数据文件，如．pof（专用配置器件）和．sof（通过连接计算机上的下载电缆直接对 FPGA 进行配置）等编程数据文件，这些文件可以被编程器使用，对器件进行编程。编程的方式可以是 JTAG 方式或 AS 方式，JTAG 方式将程序下载到可编程逻辑器件；AS 方式将程序下载到存储器。

（1）如果使用 ByteBlaster MV 下载电缆，可将 ByteBlaster MV 接到计算机的并行端口；如果使用 MasterBlaster 下载电缆，可将 MasterBlaster 连接到计算机的串行端口；如果使用 USB 接口，则连接到计算机的 USB 端口。下载电缆连接后要打开 EDA 实验装置电源。

（2）单击 Tools→Programmer 选项，弹出如图 2-25 所示的编程窗口。

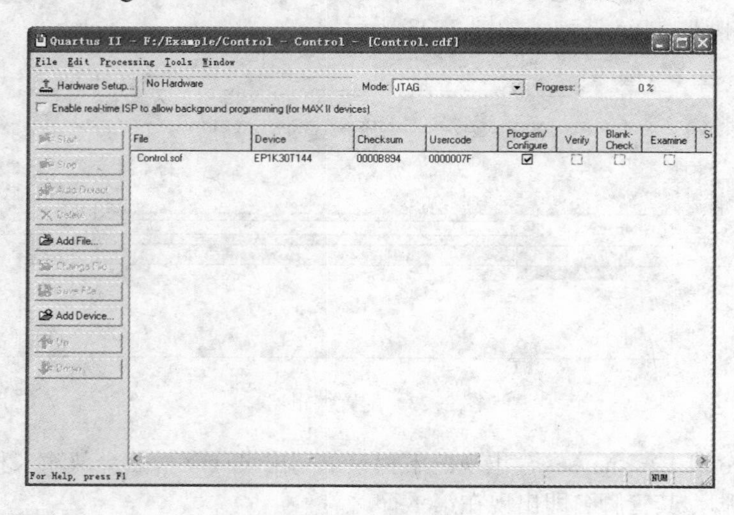

图 2-25　编程窗口

（3）单击图 2-25 中的“Hardware Setup”按钮，弹出如图 2-26 所示的硬件配置对话框。

（4）单击图 2-26 中的“Add Hardware”按钮，弹出如图 2-27 所示的添加硬件对话框。

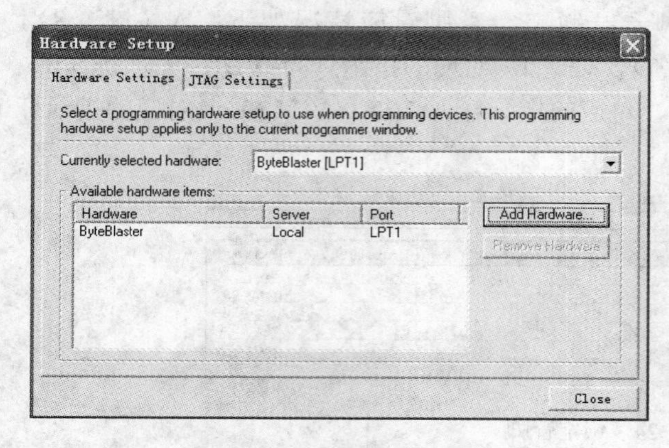

图 2-26　硬件配置对话框

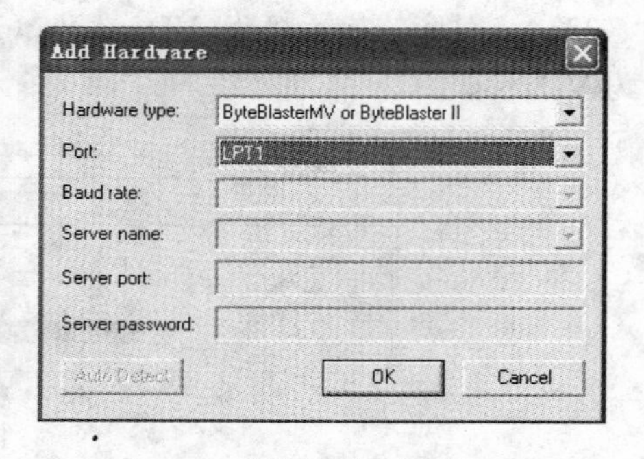

图 2-27　添加硬件对话框（1）

单击“Hardware type”输入框右端的下拉按钮，列出各种编程机制的可选内容，并从中选择适合目前所具备编程条件的方案。本例选择了 LPT1 接口输出的 ByteBlasterMV or ByteBlasterⅡ硬件类型，此类型对应计算机的并行接口，MV 是混合电压的意思，可对不同公司、不同封装的可编程逻辑器件进行编程配置，然后单击“OK”按钮，回到硬件配置对话框，单击“Close”按钮，关闭硬件配置对话框。

（5）在编程窗口中，单击 Mode 输入框右端的下拉按钮，选中 JTAG 编程方式。JTAG 编程方式支持在系统编程，可对 FPGA、DSP 等器件进行编程，是通用的编程方式。另外，Active Serial Programming 模式可在 FLASH 存储器进行编程。然后单击“Add Files”按钮，在弹出的对话框中选中 Control.sof 文件。

（6）在编程窗口中，单击“Start”按钮，即可开始对芯片编程。

2.3 实训 Quartus Ⅱ软件的使用

2.3.1 应用 Quartus Ⅱ分析 VHDL 程序

1．实训目标

（1）学习 QuartusⅡ软件的使用方法。

（2）学会利用 QuartusⅡ分析 VHDL 程序。

（3）能够正确分析波形图。

2．实训题目

利用 QuartusⅡ软件，对给定的 VHDL 程序进行编译和仿真。VHDL 程序如下：

```
LIBRARY IEEE;
  USE IEEE.STD_LOGIC_1164.ALL;
ENTITY COMP IS
  PORT ( A, B          : IN STD_LOGIC;
         YG, YE, YL    : OUT STD_LOGIC);
END COMP;
ARCHITECTURE STR OF COMP IS
  BEGIN
    PROCESS (A, B)
      BEGIN
        IF A>B THEN
           YG<='1'; YE<='0'; YL<='0';
        ELSIF A=B THEN
           YG<='0'; YE<='1'; YL<='0';
        ELSE
           YG<='0'; YE<='0'; YL<='1';
        END IF;
    END PROCESS;
END STR;
```

3. 创建项目

（1）在计算机的 F 盘，建立文件夹 F:\Designs1 作为项目文件夹，以便将设计过程中的相关文件存储于此。项目名为 COMP、顶层设计文件名也为 COMP。

（2）启动 QuartusⅡ，单击“Create a New Project”按钮打开新项目建立向导，在新项目建立向导对话框中分别输入项目文件夹：F:\Designs1、项目名：COMP、顶层设计文件名：COMP，如图 2-28 所示。

（3）单击图 2-28 中的“Next”按钮，在弹出对话框的 File name 中，输入 COMP.vhd，如图 2-29 所示。

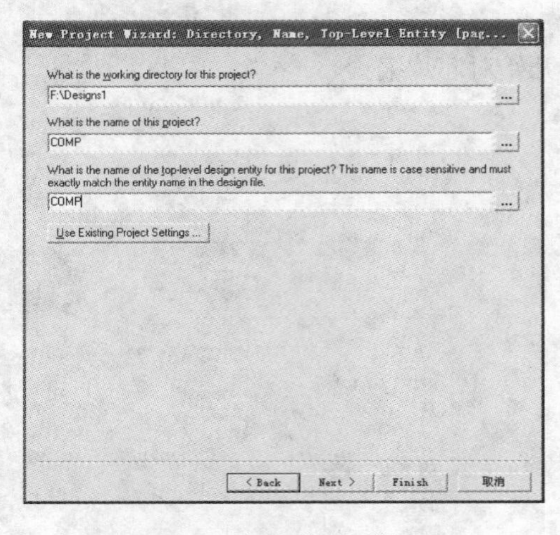

图 2-28　添加硬件对话框（2）

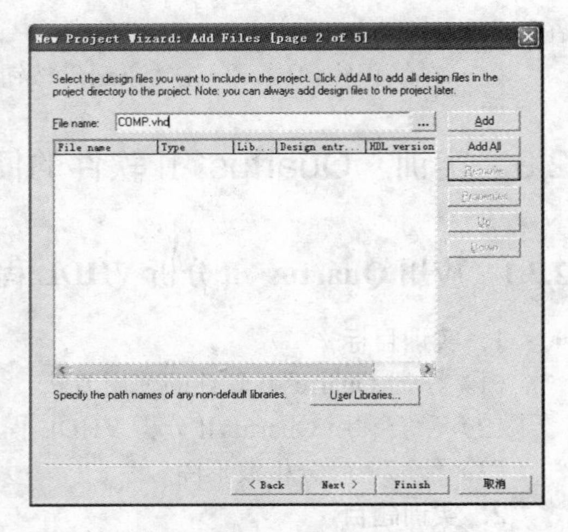

图 2-29　添加硬件对话框（3）

（4）单击“Add …”按钮，加入设计文件后单击“Next”按钮，根据系统设计的实际需要或实验箱的具体情况选择目标芯片。首先在 Family 栏选择芯片系列，可选择 ACEX1K 系列，在 Available devices 下，选中 EP1K30TC144-1 芯片。再单击“Next”按钮，在打开的 EDA 工具设置对话框中，直接单击“Next”按钮，使用 QuartusⅡ自带的工具。

（5）单击“Next”按钮，显示新键项目摘要信息，如图 2-30 所示。

仔细阅读摘要信息是否与设计相同，若不同可单击“Back”按钮返回修改。最后单击“Finish”按钮，关闭新项目建立向导。

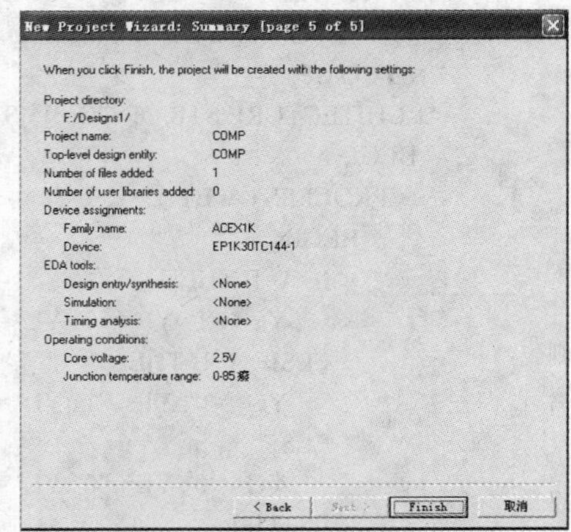

图 2-30　项目摘要信息

☞注意：

软件的标题栏必须变为 F:/Designs1/COMP-COMP，表示当前项目工作在 F:\Designs1 文件夹下、项目名是 COMP、顶层设计文件名也是 COMP。

4. 文本文件编辑

（1）单击标题栏中的 File→New 对话框，在 Design Files 下选中 VHDL File 选项，单击

“OK”按钮，打开文本文件 Vhdl1.vhd（默认名）的编辑窗口。在该窗口内，输入题目给定的程序。

☞**注意：**

程序中的标点符号不能使用中文。

（2）输入完成后，单击 File→Save As 选项，将文件保存在已建立的文件夹 F:\Designs1 下，文件名为 COMP，文件保存类型选择为 VHDL File。

5. 编译

（1）单击标题栏中的 Processing→Start Compilation 选项，启动全程编译。编辑结束如果提示有错误，可查看位于窗口下方的提示信息，如图 2-31 所示。

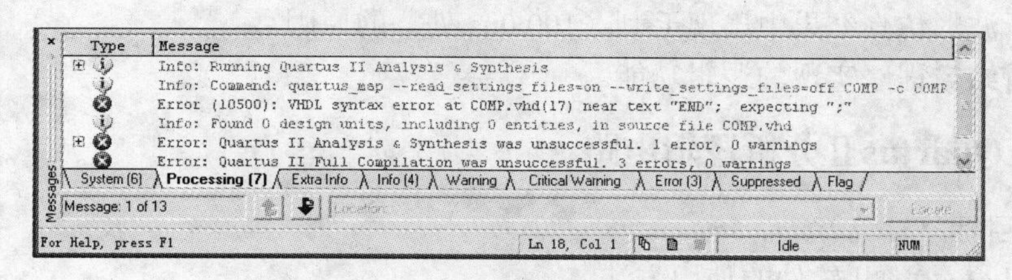

图 2-31　提示信息

（2）移动提示信息右侧的滚动条，找到第 1 个错误（最上方的错误），阅读后双击该条信息，回到文本文件编辑窗口，在闪动的光标处（或上方）仔细查找，改正后存盘，再次进行编译，直到没有错误为止。

☞**注意：**

如果存在多个错误，修改完第 1 个错误，就进行编译，因为其他错误可能是由其引起的。

6. 仿真

（1）单击 File→New 选项，在文件选择窗口中选中 Vector Waveform File 选项，单击“OK”按钮。

（2）单击 Edit→End Time 选项，在弹出窗口中的 Time 输入框输入 2，单位选μs，即整个仿真域的时间设定为 2μs；单击 Edit→Grid Size 选项，在弹出窗口中的 Period 输入框输入 50，单位选 ns，即设定仿真时间周期为 50ns。

（3）单击 File→Save 选项，将波形文件以默认名存入文件夹 F:\ Designs1 文件夹下。

（4）单击 View→Utility Windows→Node Finder 选项，单击打开的对话框 Filter 输入框右侧的下拉按钮，选中 Pins：all，然后单击“list”按钮。用鼠标将输入端口节点 A、B 和输出信号节点 YE、YG、YL 逐个拖到波形编辑窗口后，关闭 Node Finder 窗口。

（5）使用调整焦距工具调整波形坐标间距，选中该工具，在波形编辑区单击鼠标，右键放大、左键缩小，调整到坐标间距 50ns 或 100ns，再利用波形编辑按钮，分别给输入管脚编辑波形。

（6）单击标题栏中的 Processing→Start Simulation 选项，启动仿真器，仿真结果如图 2-32 所示。

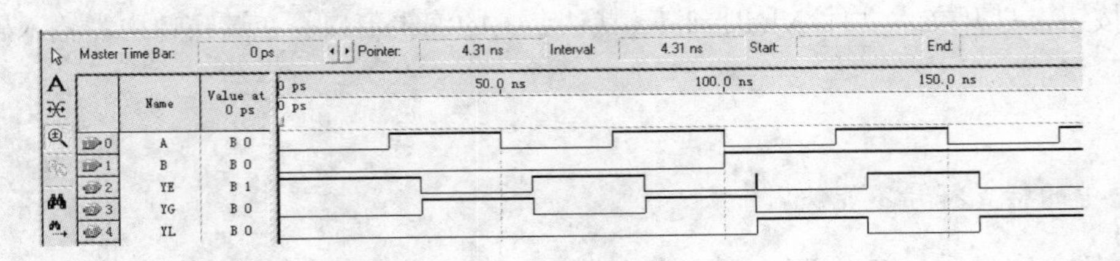

图 2-32 仿真波形

7. 实训报告

（1）画出分析流程图。

（2）记录仿真波形。

（3）分析波形仿真结果中出现毛刺（100.0ns 处）的原因。

（4）分析给定程序实现的逻辑功能。

2.3.2 应用 QuartusⅡ分析逻辑电路

1. 实训目标

（1）学习 QuartusⅡ软件的使用方法。

（2）学会利用 QuartusⅡ分析逻辑电路。

（3）能够正确分析波形图。

2. 实训题目

利用 QuartusⅡ软件，对图 2-33 所示的逻辑电路进行编译和仿真，并编程下载到实验箱验证电路功能。

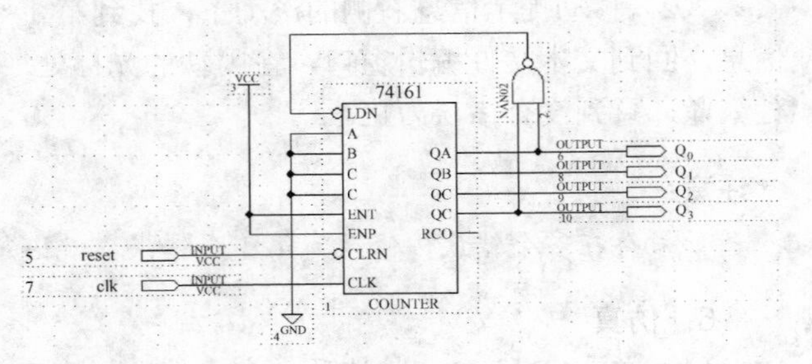

图 2-33 实训题目

3. 创建项目

（1）在计算机的 F 盘，建立文件夹 F:\Designs2 作为项目文件夹，以便将设计过程中的相关文件存储于此。项目名为 COUNT、顶层设计文件名也为 COUNT。

（2）启动 QuartusⅡ，单击“Create a New Project”按钮打开新项目建立向导，在新项目建立向导对话框中分别输入项目文件夹：F:\Designs2、项目名：COUNT、顶层设计文件名：COUNT。

（3）由于采用图形输入方式，在添加文件对话框的 File name 中输入 COUNT.bdf（.bdf 为图形文件的扩展名），然后单击“Add”按钮，添加该文件。

（4）在器件设置对话框中选择 ACEX1K 系列的 EP1K30TC144-1 芯片；在 EDA 工具设置对话框选择 None，使用 QuartusⅡ自带的工具。

（5）单击“Finish”按钮，关闭新项目建立向导。

☞注意：

软件的标题栏必须变为 F:/Designs2/COUNT-COUNT，表示当前项目工作在 F:\Designs2 文件夹下、项目名是 COUNT、顶层设计文件名也是 COUNT。

4．图形文件编辑

（1）单击标题栏中的File→New选项，选中Block Diagram/Schematic File，单击“OK”按钮，打开图形编辑器窗口Block1.bdf窗口。

（2）按照实训题目的要求，依次输入 74161（四位二进制异步清零递增计数器）1 个、NAND2（与非门）1 个、VCC（直流电源）1 个、GND（接地）1 个、INPUT（输入管脚）2个、OUTPUT（输出管脚）4个。按照图2-33所示连接电路，并将管脚名称更改。

☞注意：

在NAND2图标上单击鼠标右键，指向下拉菜单中的Rotate by Degress选项，从中选择使NAND2旋转的角度。

（3）单击File→Save As选项，将文件保存在已建立的文件夹F:\Designs2下，文件名为COUNT，文件保存类型选择为Block Diagram/Schematic File。

5．编译

单击标题栏中的Processing→Start Compilation选项，启动全程编译。

6．仿真

（1）单击 File→New 选项，在文件选择窗口中选中 Vector Waveform File 选项，单击“OK”按钮。

（2）单击 Edit→End Time 选项，在弹出窗口中的 Time 输入框输入 2，单位选μs，即整个仿真域的时间设定为2μs；单击Edit→Grid Size选项，在弹出窗口中的Period输入框输入50，单位选ns，即设定仿真时间周期为50ns。

（3）单击File→Save选项，将波形文件以默认名存入文件夹F:\ Designs2文件夹下。

（4）单击View→Utility Windows→Node Finder选项，单击打开的对话框Filter输入框右侧的下拉按钮，选中 Pins：all，然后单击“list”按钮。用鼠标将输入端口节点 reset、clk 和输出信号节点Q_3、Q_2、Q_1、Q_0逐个拖到波形编辑窗口后，关闭Node Finder窗口。

☞注意：

输出信号节点的从上到下的排列顺序为Q_3～Q_0，如果不是，可选中信号后，在Value at 0 ps处，用鼠标拖动。

（5）使用调整焦距工具调整波形坐标间距，选中该工具，在波形编辑区单击鼠标，右键放大、左键缩小，调整到坐标间距50ns或100ns，再利用波形编辑按钮，分别给输入管脚编辑波形。

（6）为了便于观察，输出波形，用鼠标在信号名 Q_3～Q_0 上拖动，然后单击鼠标右键，在弹出菜单中指向单击Grouping→Group选项，如图2-34所示。

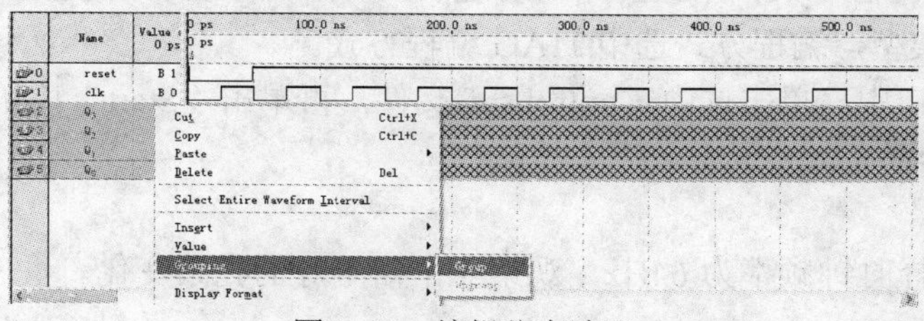

图2-34　编辑仿真波形

（7）单击 Group 选项，打开组合对话框，在 Group 输入框中输入 Q（组合信号名称），单击 Radix 输入框右侧的下拉按钮，选择 Unsigned Decimal（无符号十进制），如图 2-35 所示。

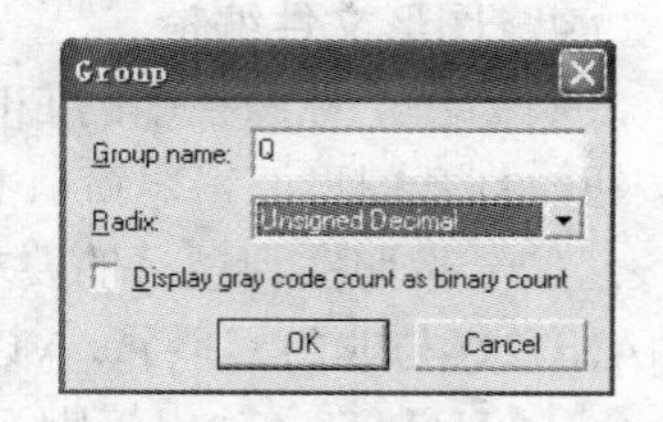

图 2-35　组合对话框

（8）单击图 2-35 中的“OK”按钮后，单击标题栏中的 Processing→Start Simulation 选项，启动仿真器。使用调整焦距工具调整波形坐标间距，仿真结果如图 2-36 所示。

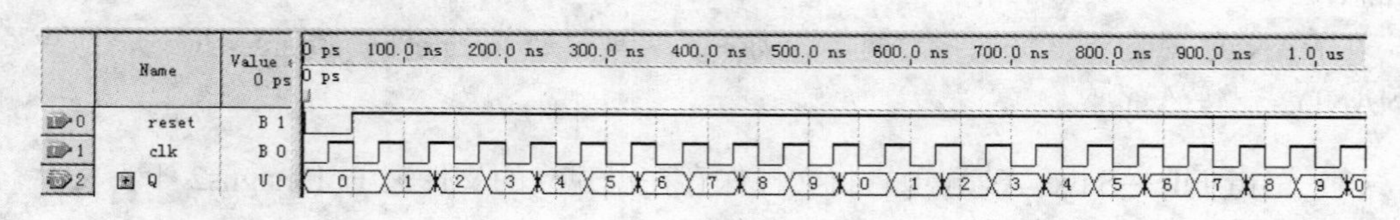

图 2-36　仿真波形

7．编程

（1）单击标题栏中的 Assignments→Assignments Editor 选项，出现配置编辑器窗口，单击 Category 输入框右侧的下拉按钮，从中选择 Pin 选项。双击 To 下的<<new>>，出现的下拉菜单列出设计项目电路的全部输入和输出管脚名，单击其中一个管脚，再双击 Location 下的<<new>>，可根据使用实验箱的具体情况锁定管脚。例如使用康芯 GW48-PK2 实验箱的 No.6 电路结构，管脚对应情况为：reset（键〈8〉，〈27〉），对应的指示灯为 VD_{16}；CLK（126）；Q_3～Q_0 分别为 39、38、37 和 36，与这些输出对应的信号灯是 VD_8～VD_5。如图 2-37 所示。

Edit: PIN_36

	To	Location	General Function	Special Function	Reserved	Enabled
1	reset	PIN_27	Row I/O			Yes
2	clk	PIN_126	Dedicated Input			Yes
3	Q_3	PIN_39	Column I/O			Yes
4	Q_2	PIN_38	Column I/O			Yes
5	Q_1	PIN_37	Column I/O			Yes
6	Q_0	PIN_36				Yes
7	<<new>>	<<new>>				

图 2-37　锁定管脚

（2）关闭配置编辑器，出现保存配置的提示信息，选择“是”。单击标题栏中的 Processing→Start Compilation 选项，启动全程编译。编译成功后，就可以将设计的程序下载到可编程逻辑芯片中。

（3）使用电缆将计算机和实验箱上连接，接通实验箱电源。单击 Tools→Programmer 选项，在编程窗口中进行硬件配置，本例选择了 LPT1 接口输出的 ByteBlasterMV or ByteBlasterⅡ硬件类型，编程方式选中 JTAG 编程方式。

（4）在编程窗口中，单击选中 Control.sof 文件，再单击“Start”按钮，即可开始对芯片编程。

8．电路测试

在实验箱上选择时钟频率为 64Hz，观察 4 个信号灯的亮暗变化。

9．实训报告

（1）画出分析流程图。

（2）记录仿真波形。

（3）分析给定电路功能。

2.4 习题

1．填空题

（1）QuartusII 支持多种编辑输入法，包括图形、（　　）、（　　）和（　　）等编辑输入法。

（2）在编辑文件前，应先选择下载的目标芯片，否则系统将以（　　）的目标芯片为基础完成设计文件的编译。

（3）QuartusII 的设计文件编辑完成后，一定要通过（　　），检查设计文件是否正确，并生成相应文件。

（4）在 QuartusII 的添加硬件对话框中，选择“Byte Blaster MV”编程方式是对应计算机的（　　）下载通道。

（5）指定设计电路输入/输出端口与目标芯片管脚连接关系的过程称为（　　）。

2．单项选择题

（1）QuartusII 是一种（　　）。

A．高级语言　　B．硬件描述语言　　C．EDA 工具软件　　D．综合软件

（2）使用 QuartusII 工具软件实现原理图设计输入，应采用（　　）方式。

A．图形编辑　　B．文本编辑　　C．符号编辑　　D．波形编辑

（3）使用 QuartusII 的图形编辑方式输入的电路原理图文件必须通过（　　）才能进行仿真验证。

A．编辑　　B．编译　　C．综合　　D．编程

（4）QuartusII 的设计文件不能直接保存在（　　）下。

A．硬盘　　B．根目录　　C．文件夹　　D．项目目录

（5）QuartusII 的波形文件类型是（　　）。

A．.vwf　　B．.bdf　　C．.vhd　　D．.v

（6）QuartusII 的图形设计文件类型是（　　）。

A．.vwf　　B．.bdf　　C．.vhd　　D．.v

3．创建新项目的步骤有哪些？

4．画出 Quartus II 设计数字电路的详细流程。

5．Quartus II 中项目名和顶层文件名有何关系？

6．Quartus II 的元件库由哪几部分组成？如何使用？

第 3 章　VHDL 硬件描述语言

本章要点

- VHDL 语言的数据结构
- VHDL 语言的并行语句
- VHDL 语言的顺序语句
- VHDL 程序设计

3.1　概述

VHDL 是一种用普通文本形式设计数字系统的硬件描述语言，主要用于描述数字系统的结构、行为、功能和接口，可以在任何文字处理软件环境中编辑。除了含有许多具有硬件特征的语句外，其形式、描述风格及语法十分类似于计算机高级语言。编写 VHDL 程序时允许使用一些符号（字符串）作为标识符，标识符的命名规则如下：

（1）由 26 个英文字母、数字 0～9 及下划线“_”组成。

（2）第一个字符必须以字母开头。

（3）下划线不能连用，最后一个字符不能是下划线。

（4）对大小写字母不敏感（英文字母不区分大小写）。

在 VHDL 中把具有特定意义的标识符号称为关键字，只能作固定用途使用，用户不能将关键字作为一般标识符来使用，如 ENTITY，PORT，BEGIN，END 等。

3.1.1　VHDL 的基本结构

一个 VHDL 程序必须包括实体（ENTITY）和结构体（ARCHITECTURE），多数程序还要包含库和程序包部分。

【例 3-1】　用 VHDL 语言设计一个非门。文件名是 notA.vhd，其中的.vhd 是 VHDL 程序文件的扩展名。程序结构如下：

```
--库和程序包部分
LIBRARY IEEE;                              --IEEE 库
  USE IEEE. STD_LOGIC_1164. ALL;           --调用 IEEE 库中 STD_LOGIC_1164 程序包
--实体部分
ENTITY notA IS                             --实体名为 notA
  PORT （                                  --端口说明
    a：IN     STD_LOGIC;                   --定义端口类型和数据类型
    y：OUT    STD_LOGIC）;
END notA;                                  --实体结束
--结构体部分
ARCHITECTURE inv OF notA IS                --结构体名为 inv
```

```
    BEGIN
    y <= NOT a;                                  --将 a 取反后赋值给输出端口 y
  END inv;                                       --结构体结束
```

第 1 部分是库和程序包。库是程序包的集合，不同的库有不同类型的程序包。程序包是用 VHDL 语言编写的共享文件，定义结构体或实体中要用到的数据类型、运算符、元件、子程序等。USE 是调用程序包的语句。

第 2 部分是实体，实体中定义了一个设计模块的外部输入和输出端口，即模块（或元件）的外部特征，描述了一个元件或一个模块与其他部分（模块）之间的连接关系，可以看作是输入输出信号和芯片管脚信息。一个设计可以有多个实体，只有处于最高层的实体称为顶层实体，EDA 工具的编译和仿真都是对顶层实体进行的。处于低层的各个实体都可作为单个元件，被高层实体调用。顶层实体名要与项目名、文件名相同，并符合标识符规则。实体以 ENTITY 开头，以 END 结束。

第 3 部分是结构体，结构体主要用来说明元件内部的具体结构和逻辑功能，即对元件内部的逻辑功能进行说明，是程序设计的核心部分。结构体以 ARCHITECTURE 开头，以 END 结束。BEGIN 是开始描述实体端口逻辑关系的标志，有行为描述、数据流（也称寄存器）描述和结构描述 3 种描述方式，这里采用的是数据流描述方式。符号<=是信号赋值运算符，从电路角度看就是表示信号传输；NOT 是关键字，表示取反（对后面的信号 a 操作），结构体实现了将 a 取反后传送到输出端 y 的功能。

两条短划线是注释标识符，其右侧内容是对程序的具体注释，并不执行。所有语句都是以分号结束，另外程序中不区分字母的大小写。

3.1.2 库和程序包

1．库

库是专门用于存放预先编译好的程序包的地方，对应一个文件目录，程序包的文件就放在此目录中，其功能相当于共享资源的仓库，所有已完成的设计资源只有存入某个“库”内才可以被其他实体共享。库的声明语句总是放在设计单元的最前面，表示该库资源对以下的设计单元开放。库声明语句格式如下：

```
LIBRARY  库名;
```

常用的库有 IEEE 库、STD 库和 WORK 库。

（1）IEEE 库：IEEE 库是 VHDL 设计中最常用的资源库，包含 IEEE 标准的 STD_LOGIC_1164、NUMERIC_BIT、NUMERIC_STD 以及其他一些支持工业标准的程序包。其中最重要和最常用的是 STD_LOGIC_1164 程序包，大部分程序都是以此程序包中设定的标准为设计基础。

（2）STD 库：STD 库是 VHDL 语言标准库，库中定义了 STANDARD 和 TEXTIO 两个标准程序包。STANDARD 程序包中定义了 VHDL 的基本的数据类型，如字符（CHARACTER）、整数（INTEGER）、实数（REAL）、位（BIT）和布尔（BOOLEAN）等数据类型。用户在程序中可以随时调用 STANDARD 包中的内容，不需要任何说明。TEXTIO 程序包中定义了对文本文件进行读、写控制的数据类型和子程序。用户在程序中调用 TEXTIO 包中的内容，需要使用 USE 语句加以说明。

（3）WORK 库：WORK 库是 VHDL 的标准资源库，子句“library work;”隐含在每个 VHDL 设计文件的开始。对于 1 个给定的 VHDL 设计，编译器自动地创建和使用这个名为“work”的库，这时使用 WORK 库不需要说明。但如果使用 WORK 库中用户自定义的元件和模块来实现层次化设计，则需要使用 USE 语句进行说明。

2．程序包

程序包是用 VHDL 语言编写的一段程序，可以供其他设计单元调用和共享，相当于公用的“工具箱”，各种数据类型、子程序等一旦放入了程序包，就成为共享的“工具”，类似于 C 语言的头文件。调用程序包的通用模式为：USE 库名.程序包名.ALL。

例如调用 STD_LOGIC_1164 程序包中的项目需要使用以下语句：

```
LIBRARY   IEEE;
  USE   IEEE.STD_LOGIC_1164.ALL;
```

使用程序包可以减少代码的输入量，使程序结构清晰。在一个设计中，实体部分所定义的数据类型、常量和子程序可以在相应的结构体中使用，但在一个实体的声明部分和结构体部分中定义的数据类型、常量及子程序却不能被其他设计单元使用。因此，程序包的作用是可以使一组数据类型、常量和子程序能够被多个设计单元使用。常用的 IEEE 标准库中存放如下程序包：

（1）STD_LOGIC_1164 程序包。STD_LOGIC_1164 程序包定义了一些数据类型、子类型和函数。数据类型包括：STD_ULOGIC、STD_ULOGIC_VECTOR、STD_LOGIC 和 STD_LOGIC_VECTOR，用的最多最广的是 STD_LOGIC 和 STD_LOGIC_VECTOR 数据类型。该程序包预先在 IEEE 库中编译，是 IEEE 库中最常用的标准程序包，其数据类型能够满足工业标准，非常适合 CPLD（或 FPGA）器件的多值逻辑设计结构。

（2）STD_LOGIC_ARITH 程序包。该程序包是美国 Synopsys 公司开发的程序包，预先编译在 IEEE 库中。主要是在 STD_LOGIC_1164 程序包的基础上扩展了 UNSIGNED（无符号）、SIGNED（符号）和 SMALL_INT（短整型）3 个数据类型，并定义了相关的算术运算符和转换函数。

（3）STD_LOGIC_SIGNED 程序包。该程序包预先编译在 IEEE 库中，也是 Synopsys 公司开发的程序包。主要定义有符号数的运算，重载后可用于 INTEGER（整数）、STD_LOGIC（标准逻辑位）和 STD_LOGIC_VECTOR（标准逻辑位向量）之间的混合运算，并且定义了 STD_LOGIC _VECTOR 到 INTEGER 的转换函数。

（4）STD_LOGIC_UNSIGNED 程序包。该程序包用来定义无符号数的运算，其他功能与 STD_LOGIC_SIGNED 程序包相似。

3.1.3 VHDL 的实体

VHDL 描述的对象称为实体，是设计中最基本的模块，实体具体代表什么几乎没有限制，可以是任意复杂的系统、一块电路板、一个芯片、一个单元电路等。如果对系统自顶向下分层来划分模块，则各层的设计模块都可作为实体。实体的格式如下：

```
ENTITY   实体名   IS
```

```
[GENERIC（类属说明）]
[PORT（端口说明）]
END  [ENTITY]  实体名;
```

实体名代表该电路的元件名称，所以最好根据电路功能来定义。例如：对于 4 位二进制计数器，实体名可以定义为 counter4b，这样容易分析程序。[...]表示是可选项，可以缺省。

1．类属说明

类属说明是实体说明的一个可选项，主要为设计实体指定参数，多用来定义端口宽度、实体中元件的数目、器件延迟时间等。使用类属说明可以使设计具有通用性，例如在设计中有一些参数事先不能确定，为了简化设计和减少 VHDL 源代码的书写量，通常编写通用的 VHDL 源代码，源代码中这些参数是待定的，在仿真时只要用 GENERIC 语句将待定参数初始化即可。类属说明语句的格式如下：

```
GENERIC（常数名 1：数据类型 1：= 设定值 1;
                ……;
常数名 n：数据类型 n：= 设定值 n);
```

2．端口说明

端口说明也是实体说明的一个可选项，负责对实体中输入和输出端口进行描述。实体与外界交流的信息必须通过端口输入或输出，端口的功能相当于元件的管脚。实体中的每一个输入、输出信号都被称为一个端口，一个端口就是一个数据对象。端口可以被赋值，也可以作为信号用在逻辑表达式中。端口说明语句格式如下：

```
PORT（端口信号名 1：端口模式 1  数据类型 1;
                ……;
      端口信号名 n：端口模式 n  数据类型 n);
```

端口信号名是设计者为实体的每一个对外通道所取的名字；端口模式是指这些通道上的信号传输方向，共有 4 种传输方向，如表 3-1 所示。

表 3-1　端口信号传输方向

方向定义	说　明	方向定义	说　明
IN	单向输入模式，将变量或信号信息通过该端口读入实体	INOUT	双向输入输出模式，既可以输入端口，还可以输出端口
OUT	单向输出模式，信号通过该端口从实体输出	BUFFER	缓冲输出模式，具有回读功能的输出模式，可作为输入端口，也可作为输出端口

其中，IN 相当于电路中只允许输入的管脚；OUT 相当于只允许输出的管脚；INOUT 相当于双向管脚，是在普通输出端口基础上增加了一个三态输出缓冲器和一个输入缓冲器构成的，既可以作输入端口，也可以作输出端口，通常在具有双向传输数据功能的设计实体中使用，例如含有双向数据总线的单元；BUFFER 是带有输出缓冲器并可以回读的管脚，是 INOUT 的子集，BUFFER 类的信号在输出到外部电路的同时，也可以被实体本身的结构体读入，这种类型的信号常用来描述带反馈的逻辑电路，如计数器等。

3.1.4 VHDL 的结构体

一个实体中可以有一个结构体，也可以有多个结构体，但各个结构体不应有重名，结构体之间没有顺序上的差别。结构体用来描述设计实体的内部结构或行为，是实体的一个重要组成部分，定义了实体的具体功能，规定了实体中的信号数据流向，确定了实体中内部元件的连接关系。结构体用 3 种方式对设计实体进行描述，分别是行为描述、寄存器传输描述和结构描述。其格式如下：

```
ARCHITECTURE   结构体名   OF   实体名   IS
      [结构体说明部分；]
  BEGIN
```

功能描述语句；

```
END   [ARCHITECTURE]   结构体名；
```

结构体说明部分是一个可选项，位于关键字 ARCHITECTURE 和 BEGIN 之间，用来对结构体内部所使用的信号、常数、元件、函数和过程加以说明。

☞注意：

所说明的内容只能用于这个结构体，若要使这些说明也能被其他实体或结构体所引用，则需要先把它们放入程序包。在结构体中也不要把常量、变量或信号定义成与实体端口相同的名称。

位于 BEGIN 和 END 之间的结构体功能描述语句是必需的，具体描述结构体（电路）的行为（功能）及其连接关系，主要使用信号赋值、块（BLOCK）、进程（PROCESS）、元件例化（COMPONENT MAP）及子程序调用等 5 类语句。

【例 3-2】 设计一个二输入与门，两个信号相与后，经过指定的延迟时间才送到输出端。其实体与结构体如下：

```
ENTITY   gand2   IS                          --实体名为 and 2
  GENERIC  （delay：TIME）；                  --类属说明，delay 是常数名，为时间类型
  PORT  （ a，b ：IN     BIT；                --端口说明
                c ：OUT   BIT）；
END gand2；
ARCHITECTURE   behave OF gand2 IS            --结构体
  BEGIN
    c <= a AND b AFTER ( delay )；           --a 和 b 与运算后，延迟 delay 输出
END behave；
```

实际器件从输入到输出必然存在延时，但不同型号器件的延迟时间不同，因此可以在源代码中用类属说明语句指定待定参数。AFTER 是关键字，表示延迟。当调用这个二输入与门元件时，可以使用 GENERIC 语句将参数初始化为不同的值。如上例改写成：

GENERIC（delay：TIME：= 5 ns）；表示 a 和 b 与运算后经 5 ns 延时才输出。

3.1.5 VHDL 的特点

1．VHDL 语法规范标准

VHDL 语法规范、标准，可读性强。用 VHDL 书写的源文件既是程序，又是文档；既是技术工程人员进行设计成果交流的文件，也可作为合同签约者之间的合同文本。由于 VHDL 是一种 IEEE 工业标准硬件描述语言，具有严格的语法规范和统一的标准，因此可以使设计成果和设计人员之间进行交流和共享。反过来，就可以进一步推动 VHDL 的发展和完善。

VHDL 采用基于库的设计方法。这样在设计一个大规模集成电路的过程中，技术人员就不需要从门级电路开始一步步地进行设计，可以用原来设计好的模块直接进行累加，这些模块可以预先设计或者使用以前设计中的存档模块，这些模块存放在库中，就可以在以后的设计中进行复用。不难看出，复用减小了硬件电路设计的工作量，缩短了开发周期。

2．与工艺无关

当设计人员用 VHDL 进行硬件电路设计时，并没有涉及到与工艺有关的信息。当一个设计描述用 VHDL 模拟器和 VHDL 综合器进行完编译、模拟和综合后，就可以采用不同的映射工具将设计映射到不同的工艺上去。映射不同的工艺，只需要改变相应的映射工具，而无需修改设计描述。

3．易于 ASIC 移植

当产品的数量达到相当的规模时，采用 VHDL 开发的数字系统能够很容易地转成 ASIC 的设计。有时用于 PLD 的程序可以直接用于 ASIC，并且由于 VHDL 是一种 IEEE 的工业标准硬件描述语言，所以用 VHDL 设计可以确保 ASIC 厂商生产高质量的器件产品。

4．上市时间短、成本低

VHDL 和可编程逻辑器件很好地结合，可以大大提高数字产品单片化设计的实现速度。VHDL 使设计描述更加方便、快捷，可编程逻辑应用可以将产品设计的前期风险降至最低，并使设计的快速复制简单易行，同时多种综合工具都支持这种形式的设计。

VHDL 作为 IEEE 的工业标准具有许多其他硬件描述语言所不具有的优点，但也存在着一些缺点：

1．不具有描述模拟电路的能力

VHDL 不具有模拟电路的能力，虽然研究结果可以证明 VHDL 可以扩展到电路级上，但在电路级上 VHDL 并不是一种理想的语言。目前 IEEE 的 1076.1 小组正在设计一种新的语言，这种语言能够描述模拟电路和数模混合电路。这个新语言将以 VHDL 为基础，并在此基础上增加描述模拟电路的扩展内容。

2．综合工具生成的逻辑实现有时并不最佳

技术设计人员采用综合工具所生成的逻辑实现有时候并不能让人满意，因为优化的结果往往依赖于设计的目标。现在所有的综合工具采用一定的算法来对设计的实现进行控制，但是固定的算法并不能发现设计中的所有问题，这样就有可能导致综合工具生成的逻辑实现与技术人员希望的逻辑实现有一定的差距。

3．EDA 工具的不同导致综合质量的不同

不同的 EDA 工具对同一 VHDL 描述进行综合，往往产生不同的综合质量，这是因为不同的 EDA 工具采用不同的算法所致。因此设计人员在设计的时候往往需要对不同 EDA 工具的综合质量进行比较，才能够选择出最佳的综合结果，这往往需要花费很长的时间。

3.1.6 VHDL 的开发流程

VHDL 是一种快速的电路设计工具，其功能涵盖了电路描述、电路合成、电路仿真等设计工作。VHDL 具有极强的描述能力，能支持系统行为级、寄存器传输级和逻辑门电路级 3 个不同层次的设计，能够完成从上层到下层（从抽象到具体）逐层描述的结构化设计思想。VHDL 作为一种标准化的硬件描述语言，在对硬件电路进行描述的过程中应该遵循一定的流程。采用 VHDL 进行硬件电路开发主要包括以下几步：

1. 系统分析

在进行硬件电路系统设计之前，首先要由总体方案设计工程师作出总体设计方案；然后给出相应的硬件电路系统设计指标；最后将总体方案中的各个部分电路设计任务以及相应的设计下达给相应的设计部门。

2. 确定电路具体功能

通常情况下，总体方案中关于电路的设计任务以及设计要求相对来说比较抽象。接受相应的电路设计任务后，设计人员首先要对电路的设计任务和设计要求进行具体分析，目的是确定设计电路所要实现的具体功能。

3. 划分模块编写程序

一般来说，划分模块是设计过程中一个非常重要的步骤。模块划分的好坏将会影响到最终的电路设计，因此设计人员在这一步应该花费一定的时间，从而保证模块划分的最优化。准确地划分完功能模块并确定相应的逻辑功能后，设计人员就可以编写各个模块的 VHDL 程序，然后将各个模块的 VHDL 程序组合在一起，从而完成整个电路设计的 VHDL 描述。

4. VHDL 程序模拟

采用 VHDL 进行硬件电路设计的过程中，综合、优化和布线往往需要花费大量的时间。一旦综合优化和布局布线中发现错误，设计人员就需要修改 VHDL 程序，然后再次综合、优化和布局布线。如此反复修改操作，需要花费大量的时间。因此在设计过程中，人员往往先采用模拟器（或称为仿真器）对 VHDL 程序进行模拟（或称为仿真）。这样做的目的是可以在设计的早期发现电路设计上的错误，从而节省电路设计的时间，缩短开发周期。

5. 综合优化和布局布线

综合的作用是将电路设计的 VHDL 描述转化成底层电路表示；优化的作用是将电路设计的延时缩到最小和有效利用资源。几乎所有的高级 VHDL 综合工具都可以利用约束条件对电路设计进行优化，一般情况下，常用的约束条件主要包括时间约束和面积约束；布局布线的作用是将通过综合和优化所得到的电路，安放到一个逻辑器件之中的过程。一个较好的布线过程就是将电路的相关部件连接起来，并消除布线延迟。

6. 布局布线后的程序模拟

布局布线后的程序模拟与前面的 VHDL 程序模拟不同，后者只是对设计的逻辑功能进行模拟，而前者不仅可以对设计的逻辑功能进行模拟，而且还可以对设计的时序进行验证。通常，时序对于电路的设计来说是十分重要的，如果时序不能得到满足，那么就需要对先前的电路设计进行修改。

7．生成器件编程文件

生成器件编程文件的作用是将 VHDL 描述经过模拟、综合、优化和布局布线的结果，经过一定的映射转化成一个器件编程所用的数据文件格式。

8．进行器件编程

器件编程就是将前一步骤中生成的编程数据文件下载到指定的可编程逻辑器件中去。器件编程通常采用下载电缆通过 JTAG 端口进行数据下载。

3.2 VHDL 的数据结构

VHDL 定义了常量、变量和信号 3 种数据对象，并规定每个对象都要有唯一确定的数据类型。

3.2.1 数据对象

VHDL 中凡是可以赋予一个值的对象都可称为数据对象。数据对象类似于一种容器，可以接受不同数据类型的数据。VHDL 描述硬件电路的工作过程实际是信号经输入变化至输出的过程，因此 VHDL 中最基本的数据对象就是信号。为了便于描述，还定义了另外两类数据对象：常量和变量，这 3 种常用的数据对象具有不同的物理意义，下面分别加以说明。

1．常量

常量是在设计实体中保持某一特定值不变的量。例如，在电路中常量的物理意义是电源值或地电平值；在计数器设计中，将模值存放于某一常量中，对不同的设计，改变常量的值，就可改变模值，修改起来十分方便。使用常量前需要声明，格式如下：

```
CONSTANT   常量名[，常量名…]：数据类型：= 表达式；
```

式中：[，常量名…]表示可选项，即多个相同数据类型的常量可以同时声明；数据类型是说明常量所具有的类型；表达式可对常量赋初值；符号：=表示赋值运算。下面是几个常量声明及赋值的例子：

```
CONSTANT VCC：REAL：= 3.3；              --常量 VCC 的类型是实数，值为 3.3
CONSTANT GND：INTEGER：=0；              --常量 GND 的类型是整数，值为 0
CONSTANT DELAY：TIME：=100  ns；         --常量 DELAY 是时间类型，初值为 100 ns。数值和
单位之间要留空格。
```

常量一旦赋值之后，在程序中就不能再改变了。常量必须在程序包、实体、结构体和进程的说明部分进行声明，其使用范围取决于被声明的位置。在程序包中声明的常量具有最大全局化特征，可用在调用此程序包的所有实体中；在设计实体中声明的常量，其有效范围为这个实体所定义的所有结构体；而在某个结构体中声明的常量，只能用于此结构体；在结构体某一单元（如进程）内声明的常量，则只能用在这一单元中。

常量所赋的值应该与定义的表达式数据类型一致，否则将会出现错误。如：CONSTANT VCC：REAL ：= "0101"；这条语句就是错误的，因为 VCC 的类型是实数（REAL），而其数值"0101"是位向量（BIT_VECTOR）类型。在绝大多数情况下，声明常量时必须赋初值。

2．变量

变量属于局部量，主要用来暂存数据。变量只能在进程和子程序中声明和使用，可以在声明语句中赋初值，但变量初值不是必需的。变量的声明形式与常量相似，格式如下：

```
VARIABLE  变量名[，变量名…]：数据类型 [约束条件] [：= 表达式]；
```

式中：[，变量名…]表示可选项，即多个相同数据类型的变量可以同时声明；数据类型是说明变量所具有的类型；[约束条件]是个可选项，通常限定取值范围；[：= 表达式]也是可选项，用于对变量赋初值。例如：

```
VARIABLE  S1，S2：INTEGER ：=256；
VARIABLE  CONT：INTEGER  RANGE  0  TO  10；
```

第 1 条语句中变量 S1 和 S2 都为整数类型，初值都是 256；第 2 条语句中，RANGE…TO…是约束条件，表示变量 CONT 的数据限制在 0～10 的整数范围内。变量 CONT 没有指定初值，则取默认值，默认值为该类型数据的最小值或最左端值，那么本条语句中 CONT 初值为 0（最左端值）。

对变量的赋值是一种理想化的数据传输，是立即发生的，没有任何延迟，所以变量只有当前值。变量赋值语句属于顺序执行语句，如果一个变量被多次赋值，则根据赋值语句在程序中的位置，按照从上到下的顺序进行赋值，变量的值是最后一条赋值语句的值。

3．信号

信号是描述硬件系统的基本数据对象，是设计实体中并行语句模块间的信息交流通道。通常可认为信号是电路中的一根连接线。信号有外部端口信号和内部信号之分：外部端口信号是设计单元电路的管脚或称为端口，在程序实体中定义，有 IN、OUT、INOUT、BUFFER 等 4 种信号流动方向，其作用是在设计的单元电路之间实现互连。外部端口信号供给整个设计单元使用，属于全局量；内部信号是用来描述设计单元内部的信息传输，除了没有外部端口信号的流动方向外，其他性质与外部端口信号一致。内部信号可以在程序包体、结构体和块语句中声明，使用范围与其在程序中的位置有关。如果只在结构体中声明，则可以供整个结构体使用；如果在块语句中声明的信号，只能在块内使用。信号声明与变量类似，其格式如下：

```
SIGNAL 信号名[，信号名…]：数据类型 [约束条件] [：= 表达式]；
```

式中：[，信号名…]表示可选项，即多个相同数据类型的信号可以同时声明；数据类型是说明信号所具有的类型；[约束条件]是个可选项，通常限定信号的取值范围；[：= 表达式]也是可选项，用于对信号赋初值。例如：

```
SIGNAL  a，b：INTEGER ：RANGE  0 TO 7 ：=5；
SIGNAL  ground：BIT：='0'；
```

第 1 条语句定义整数类型信号 a、b，取值范围限定在 0～7，并赋初值 5；第 2 条语句定义位信号 ground 并赋初值'0'。

在 VHDL 程序中，信号和变量是两个经常使用的对象，都要求先声明，后使用，具有一定的相似性，其主要区别如下：

（1）在声明中赋初值，都使用运算符：=；声明后使用时，信号赋值使用运算符<=，变量赋值使用运算符：=。

（2）信号赋值有附加延时，变量赋值则没有。

（3）外部信号表示端口，内部信号可看成硬件中的一根连线，变量在硬件中没有类似的对应关系。

（4）对于进程语句，进程只对信号敏感，不对变量敏感。

3.2.2 数据类型

对于常量、变量和信号这 3 种数据对象，在为每一种数据对象赋值时都要确定其数据类型。VHDL 对数据类型有着很强的约束性，不同的数据类型不能直接运算，相同的类型如果位长不同也不能运算，否则 EDA 工具在编译、综合过程中会报告类型错误。

根据数据产生来源可将数据类型分为预定义类型和用户自定义类型两大类，这两类都在 VHDL 的标准程序包中作了定义，设计时可随时调用。

1. STANDARD 程序包中预定义的数据类型

该类型是最常用、最基本的一种数据类型，在标准程序包 STANDARD 中作了定义，已自动包含在 VHDL 源文件中，使用时不必通过 USE 语句进行调用。具体类型如下：

（1）整数类型（INTEGER）。整数与数学中的整数相似，包括正整数、零、负整数。整数和适用于整数的关系运算符、算术运算符均由 VHDL 预先定义。整数类型的表示范围是 $-2^{31}\sim2^{31}-1$，这么大范围的数及其运算在 EDA 实现过程中将消耗很大的器件资源，而实际涉及的整数范围通常很小，例如一位十进制数码管只需显示 0～9 十个数字。因此在使用整数类型时，要求用 RANGE 语句为定义的整数确定一个范围。例如：

```
SIGNAL num：INTEGER RANGE 0 TO 255；  --定义整型信号 num 的范围 0～255
```

整数包括十进制、二进制、八进制和十六进制，默认进制是十进制。其他进制在表示时用符号#区分进制与数值。例如：123 表示十进制整数 123、2#0110#表示二进制整数 0110、8#576#表示八进制整数 576、16#FA#表示十六进制整数 FA。

（2）自然数（NATURAL）和正整数（POSITIVE）类型。自然数类型是整数的子集，正整数类型又是自然数类型的子集。自然数包括零和正整数，正整数只包括大于零的整数。

（3）实数（REAL）类型。与数学中的实数类似，数据范围是−1.0E38～+1.0E38。书写时一定要有小数点（包括小数部分为 0 时）或采用科学计数形式。VHDL 仅在仿真时可使用该类型，在综合过程中综合器是不支持实数类型的。实数也包括十进制、二进制、八进制和十六进制，例如：2.0 表示十进制实数 2.0、605.3 表示十进制实数 605.3、8#46.1#E+5 表示八进制实数 46.1 E+5。

☞注意：

不能把实数赋给信号，只能赋给实数类型的变量。

（4）位（BIT）类型。位数据类型是属于可枚举类型，信号通常用位表示，位值用带单引号括起来的'0'和'1'表示，只代表电平的高低，与整数中的 0 和 1 意义不同。位类型可以进行算术运算和逻辑运算，而整数类型只能进行算术运算。

（5）位向量（BIT_VECTOR）类型。位向量是用双引号括起来的一组数据，是基于位数据类型的数组，可以表示二进制（符号为 B，可缺省）、八进制（符号为 O）或十六进制（符号为 H）的位向量，例如"011010"、H"00AB"，分别表示二进制位向量"011010"和十六进制位向量"00AB"。使用位向量通常要声明位宽，即数组中元素的个数和排列顺序。例如：

```
SIGNAL  A：BIT_VECTOR（3 DOWNTO 0）;
        A<="0101";
```

表示信号 A 被定义为具有 4 位位宽的位向量，最左位是 A（3）=0，A（2）=1，A（1）=0，最右位是 A（0）=1。如果写成：

```
SIGNAL  A：BIT_VECTOR（0 TO 3）;
        A<="0101";
```

同样表示信号 A 被定义为具有 4 位位宽的位向量，但最左位是 A（0）=0，A（1）=1，A（2）=0，最右位是 A（3）=1。

（6）布尔（BOOLEAN）类型。布尔类型只有 TURE 和 FALSE 两种取值，初值通常定义为 FALSE。虽然布尔类型也是二值枚举量，但与位数据类型不同，没有数值的含义，不能进行算术运算，只能进行逻辑运算。例如关系表达式 CLK='1'，其含义是当 CLK 的值等于 1 时，表达式 CLK='1'的值为 TRUE，否则表达式的值为 FALSE。

（7）字符（CHARACTER）类型。字符也作为一种数据类型，定义的字符量要用单引号括起来，如'A'，并且对大小写敏感，如'A'和'a'是不同的。字符量中的字符可以是英文字母中任何一个字母、0～9 中任何一个数字、空格、或者一些特殊字符，如，$，%，@等。

（8）字符串（STRING）类型。字符串是用双引号括起来的一个字符序列，也称为字符串向量或字符串数组。如"VHDL Programmer"。字符串常用于程序的提示或程序说明。

（9）时间（TIME）类型。时间类型是 VHDL 中唯一预定义的物理量数据。完整的时间数据应包括整数和单位两部分，而且整数和单位之间至少要有一个空格，如 10 ns，20 ms，33 min。VHDL 中规定的最小时间单位是飞秒（fs），单位依次增大的顺序是飞秒（fs）、皮秒（ps）、纳秒（ns）、微秒（μs）、毫秒（ms）和秒（sec），这些单位间均为千进制关系，还有分（min）。

（10）错误等级（SEVERITY LEVEL）类型。错误等级类型数据用来表示系统的工作状态，共有四种：NOTE（注意），WARNING（警告），ERROR（错误），FAILURE（失败）。系统仿真时，操作者可根据给出的这几种状态提示，了解当前系统的工作情况并采取相应对策。

2．IEEE 库中预定义的数据类型

使用 IEEE 库中预定义的数据类型，必须调用 IEEE 标准库，再通过 USE 语句调用相应的程序包。

（1）标准逻辑位（STD_LOGIC）数据类型。该类型在 IEEE 标准库的 STD_LOGIC_1164 程序包中定义，是一个逻辑型的数据类型，取代 BIT 数据类型，扩展定义了 9 种值，符号和含义分别为：'U'表示未初始化；'X'表示不定；'0'表示低电平；'1'表示高电平；'Z'表示高阻；'W'表示弱信号不定；'L'表示弱信号低电平；'H'表示弱信号高电平；'-'表示可忽略（任意）状态。

☞注意：

表示高阻的'Z'必须大写；'U'、'X'和'W'不能被综合工具支持。

（2）标准逻辑位向量（STD_LOGIC_VECTOR）数据类型。该类型是基于 STD_LOGIC 数据类型的标准逻辑一维数组，使用时必须说明位宽和排列顺序，数据要用双引号括起来。例如：

```
SIGNAL  A：STD_LOGIC_VECTOR（0 TO 7）；
        A<=H"47"；    --定义信号 A 为十六进制数 47
```

（3）无符号（UNSIGNED）数据类型。该类型在 IEEE 标准库的 STD_LOGIC_ARITH 程序包中定义，是由 STD_LOGIC 数据类型构成的一维数组，表示一个自然数。当一个数据除了执行算术运算外，还要执行逻辑运算，就必须定义成 UNSIGNED。例如：

```
SIGNAL  DAT：UNSIGNED（3 DOWNTO 0）；
        DAT<="0110"；
```

定义信号 DAT 是四位二进制数码表示的无符号数据，数值是 6。

（4）有符号（SIGNED）数据类型。该类型在 IEEE 标准库的 STD_LOGIC_ARITH 程序包中定义，表示一个带符号的整数，其最高位是符号位（0 代表正整数，1 代表负整数），用补码表示数值。

3．用户自定义数据类型

VHDL 允许用户根据需要自己定义新的数据类型，这给设计者提供了极大的自由度。允许用户定义的数据类型主要有枚举类型、数组类型、用户自定义子类型 3 种。

（1）枚举类型（ENUMERATED）。枚举类型是在数据类型定义中直接列出数据的所有取值。其格式如下：

```
TYPE 数据类型名 IS（取值 1，取值 2，…）；
```

例如在硬件设计时，表示一周内每天的状态，可以用 000 代表周一、001 代表周二，依此类推，直到 110 代表周日。但这种表示方法对编写和阅读程序来说是不方便的。若改用枚举数据类型表示则方便得多，可以把一个星期定义成一个名为 week 的枚举数据类型：

```
TYPE  week  IS （Mon，Tue，Wed，Thu，Fri，Sat，Sun）；
```

这样，周一到周日就可以用 Mon 到 Sun 来表示，直观了很多。

（2）数组类型（ARRAY）。数组类型是将相同类型的数据集合在一起所形成的一个新数据类型，可以是一维的，也可以是多维的。数组类型定义格式如下：

```
TYPE  数据类型名  IS  ARRAY  数组下标范围  OF  数组元素的数据类型；
```

如果数据类型没有指定，则使用整数数据类型；如果用整数类型以外的其他类型，则在确定数据范围前需要加上数据类型名。例如：

```
TYPE  bus  IS  ARRAY（15 DOWNTO 0）OF  BIT；
```

数组名称为 bus，共有 16 个元素，下标排序是 15、14、…、1、0，各元素可分别表示为 bus（15）、…、bus（0），数组类型为 BIT。数组类型常在总线、ROM、RAM 中使用。

（3）用户自定义子类型。用户若对自己定义的数据作一些限制，由此就形成了原自定义数据类型的子类型。对于每一个类型说明，都定义了一个范围。一个类型说明与其他类型说明所定义的范围是不同的，在用 VHDL 对硬件描述时，有时一个对象可能取值的范围是某个类型定义范围的子集，这时就要用到子类型的概念。子类型的格式如下：

```
SUBTYPE 子数据类型名 IS 数据类型名   RANGE   数据范围;
```

3.2.3 数据类型间的转换

在 VHDL 语言中，数据类型的定义是相当严格的，不同类型的数据是不能进行运算和赋值的。为了实现不同类型的数据赋值，就要进行数据类型的转换。转换函数在 VHDL 语言程序包中定义，如表 3-2 所示。

表 3-2 数据类型转换函数

程序包名称	函 数 名 称	功 能
STD_LOGIC_1164	TO_BIT	由 STD_LOGIC 转换为 BIT
	TO_BITVECTOR	由 STD_LOGIC_VECTOR 转换为 BIT_VECTOR
	TO_STDLOGIC	由 BIT 转换为 STD_LOGIC
	TO_STDLOGICVECTOR	由 BIT_VECTOR 转换为 STD_LOGIC_VECTOR
STD_LOGIC_ARITH	CONV_INTEGER	由 UNSIGNED，SIGNED 转换为 INTEGER
	CONV_UNSIGNED	由 SIGNED，INTEGER 转换为 UNSIGNED
STD_LOGIC_ARITH	CONV_STD_LOGIC_VECTOR	由 INTEGER，UNSDGNED，SIGNED 类型转换为 STD_LOGIC_VECTOR
STD_LOGIC_UNSIGNED	CONV_INTEGER	由 STD_LOGIC_VECTOR 转换为 INTEGER

例如把 INTEGER 数据类型的信号 A 转换为 STD_LOGIC_VECTOR 数据类型的信号 B，程序如下：

```
SIGNAL A：INTEGER RANGER 0 TO 15;              --定义信号 A
SIGNAL B：STD _LOGIC_VECTOR(3 DOWNTO 0);       --定义信号 B
B<=CONV_STD_LOGIC_VECTOR(A);                    --调用转换函数
```

☞注意：

使用数据类型转换函数 CONV_STD_LOGIC_VECTOR，需要调用 IEEE 库中的 STD_LOGIC_ARITH 程序包。

3.2.4 VHDL 的运算符

VHDL 与其他高级语言相似，有着丰富的运算符，以满足描述不同功能的需要。主要有 5 类常用的运算符，分别是逻辑运算符、关系运算符、移位运算符、符号运算符和算术运算符，如表 3-3 所示。

表 3-3　VHDL 运算符表

运算符类型	运　算　符	功　　能	运　算　符	功　　能
逻辑运算符	NOT	逻辑非	NOR	逻辑或非
	AND	逻辑与	XOR	逻辑异或
	OR	逻辑或	XNOR	逻辑同或
	NAND	逻辑与非		
关系运算符	=	等于	>	大于
	/=	不等于	<=	小于或等于
	<	小于	>=	大于或等于
移位运算符	SLL	逻辑左移	SRA	算术右移
	SLA	算术左移	ROL	循环左移
	SRL	逻辑右移	ROR	循环右移
符号运算符	+	正号	-	负号
	&	位合并		
算术运算符	+	加号	MOD	取模
	-	减号	REM	取余
	*	乘	**	乘方
	/	除	ABS	取绝对值

（1）逻辑运算符。VHDL 有 7 种逻辑运算符：AND、OR、NAND、NOR、XOR、XNOR、NOT。这些逻辑运算符可以对 BIT、BOOLEAN 和 STD_LOGIC 等类型的对象进行运算，也可以对这些数据类型组成的数组进行运算，同时要求逻辑运算符左边和右边的数据类型必须相同；对数组来说就是参与运算数组的维数要相同，并且结果也是同维数的数组。

在这些运算符中，NOT 和算术运算符中的 ABS、**的优先级相同，是所有运算符中优先级最高的。其他 6 个运算符优先级相同，是所有运算符中优先级最低的。在一些高级语言中，逻辑运算符有从左向右或从右向左的优先组合顺序，而在 VHDL 中，左右没有优先组合的区别，一个表达式中如果有多个逻辑运算符，运算顺序的不同可能会影响运算结果，就需要用括号来解决组合顺序的问题。

例如：q <= a AND b OR NOT c AND d；这条语句在编译时会给出语法错误信息，可以加上括号改为：q <= (a AND b) OR (NOT (c AND d));

如果逻辑表达式中只有 AND（或 OR、XOR 等）的情况下可以不加括号，因为对于这 3 种逻辑运算来说，改变运算顺序不会影响逻辑结果。例如：q <= a AND b AND c AND d；q <= a OR b OR c OR d；q <= a XOR b XOR c XOR d；这 3 条语句都是正确的表达式。而以下两个语句在语法上是错误的：q <= a AND b NAND c AND d；q <= a NOR b NOR c NOR d；

（2）关系运算符。VHDL 有 6 种关系运算符，是将两个相同类型的操作数进行数值相等比较或大小比较，要求这些关系运算符两边的数据类型必须相同，其运算结果为 BOOLEAN 类型，即表达式成立结果为 TURE、不成立结果为 FALSE。这 6 种运算符的优先级相同，仅高于逻辑运算符（除 NOT 外）。

运算符=和/=适用于所有已经定义过的数据类型；其他 4 种关系运算符则适用于整数、实数、BIT 和 STD LOGIC 等类型。另外<=符号有两种含义（小于或等于运算符以及信号赋

值符），在阅读源代码时要根据上下文判断具体的意义。

（3）移位运算符。移位运算符是 VHDL_94 新增的运算符，其中 SLL（逻辑左移）和 SRL（逻辑右移）是逻辑移位、SLA（算术左移）和 SRA（算术右移）是算术移位、ROL（循环左移）和 ROR（循环右移）是循环移位。逻辑移位用 0 填补移空的位；算术移位把首位看作符号位，移位时保持符号不变，因此移空的位用最初的首位来填补；循环移位是用移出的位依次填补移空位。移位运算都是双目运算符，只定义在一维数组上，左操作数（移位数据）必须是 BIT 和 BOOLEAN 型，右操作数（移动位数）必须是整数类型。例如："10011011" SLL 1="00110110"；逻辑左移 1 位，移空位用 0 填补、"11011010" SLA 1="10110101"；算术左移 1 位，移空位用符号位 1 填补、"10011011" ROL 2="01101110"；循环左移 2 位，移出的 10 依次补在数尾。

这 6 种运算符的优先级相同，高于关系运算符。

（4）符号运算符。+（正号）、-（负号）与日常数值运算相同，主要用于浮点和物理类型运算。物理类型常用作测试单元，表示像时间、电压及电流等物理量，可以视为与物理单位有关的整数，能方便地表示、分析和校验量纲，物理类型只对仿真有意义而对于综合无意义。+（正号）、-（负号）运算符为单目运算符，优先级高于加、减运算符，低于乘、除运算符。

位合并运算符也称为并置运算符，只有一种符号，用&表示。用于数据位或向量的连接，就是将运算符右边的内容接在左边的内容之后形成一个新的数组。例如："1011"&"010"的结果为"1011010"。其优先级与加、减运算符相同，高于移位运算符，低于+（正号）、-（负号）运算符。

（5）算术运算符。算术运算符中，单目运算（ABS、**）的操作数可以是任何数据类型、+（加）、-（减）的操作数为整数类型、*（乘）、/（除）的操作数可以为整数或实数。物理量（如时间等）可以被整数（或实数）相乘（或相除），其运算结果仍为物理量。MOD（取模）和 REM（取余）只能用于整数类型。MOD 和 REM 运算的区别是符号不同，如果有两个操作数 a 和 b，表达式 a REM b 的符号与 a 相同；表达式 a MOD b 的符号与 b 相同。例如：7 REM −2=1、−7 REM 2=−1、−7 MOD 2=1、7 MOD −2=−1。运算符*、/、MOD、REM 的优先级相同，高于符号运算符，低于 NOT、ABS 和**运算符。

ABS（取绝对值）运算符可用于任何数据类型，**（乘方）运算符的左操作数可以是整数或实数，右操作数必须是整数，并且只有在左操作数为实数时，其右操作数才可以是负整数。

3.3 VHDL 的并行语句

VHDL 语句用来描述系统内部硬件结构、动作行为及信号间的基本逻辑关系，这些语句不仅是程序设计的基础，也是最终构成硬件的基础。VHDL 程序主要有两类常用语句：顺序语句和并行语句。

并行语句是 VHDL 区别于传统软件描述语言最显著的一个方面。各种并行语句在结构体中是同时并发执行的，也就是说，只要某个信号发生变化，都会引起相应语句被执行而产生相应的输出，其执行顺序与书写顺序没有任何关系。在结构体中常用的并行语句有：信号赋值语句、进程语句、元件例化语句、块语句和生成语句等。

3.3.1 信号赋值语句

赋值语句是将一个值或者一个表达式的结果传递给某一个数据对象，数据在实体内部的传递以及对端口外的传递都必须通过赋值语句来实现。信号赋值语句有 3 种形式：简单信号赋值语句、条件信号赋值语句和选择信号赋值语句。其共同点是赋值目标必须都是信号，这 3 种语句与其他并行语句一样，在结构体内是同时执行的。

1．简单信号赋值语句

简单信号赋值语句的格式为：信号 <= 表达式；

【例 3-3】 用并行信号赋值语句描述表达式 $y=ab+c\oplus d$。

```
ENTITY logic IS
PORT（a，b，c，d：IN      BIT；
                  y：OUT   BIT）；
END logic；
ARCHITECTURE de OF logic IS
   SIGNAL e：BIT；                          -- 定义 e 为信号
    BEGIN
      y <=（a AND b）OR e；                 -- 以下两条并行语句与顺序无关
      e <= c XOR d；
END de；
```

2．条件信号赋值语句

条件信号赋值语句是一种并行信号赋值语句，可以根据不同的条件将不同的表达式值赋给目标信号。格式如下：

```
信号 <= 表达式 1   WHEN  赋值条件 1   ELSE
        表达式 2   WHEN  赋值条件 2   ELSE
                    ……
        表达式 n；
```

执行该语句时首先要进行条件判断，然后再进行信号赋值操作。例如，当条件 1 满足时，就将表达式 1 的值赋给目标信号；当条件 2 满足时，就将表达式 2 的值赋给目标信号；当所有的条件都不满足时，就将表达式 n 的值赋给目标信号。使用条件信号赋值语句时，应该注意以下几点：

（1）只有当条件满足时，才能将该条件前面的表达式值赋给目标信号。

（2）对条件进行判断是有顺序的，位置靠前的条件具有较高的优先级，只有不满足本条件的时候才会去判断下一个条件。

（3）条件表达式的结果为布尔类型。

（4）最后一个表达式后面不含有 WHEN 子句。

（5）条件信号赋值语句允许条件重叠，但位置在后面的条件不会被执行。

【例 3-4】 用条件信号赋值语句描述“四选一”电路。

```
LIBRARY IEEE；
  USE IEEE.STD_LOGIC_1164.ALL；
```

```
ENTITY selection4 IS
  PORT（a ：IN   STD_LOGIC_VECTOR（3 DOWNTO 0）；
        sel：IN   STD_LOGIC_VECTOR（1 DOWNTO 0）；
          y：OUT STD_LOGIC）；
END selection4；
ARCHITECTURE one OF selection4 IS
   BEGIN
     y <= a（0）  WHEN sel = "00" ELSE     -- 从第一个条件开始判断
          a（1）  WHEN sel = "01" ELSE
          a（2）  WHEN sel = "10" ELSE
          a（3）；
END one；
```

最后一个表达式可以不跟条件句，表示以上条件均不满足时，将此表达式的值赋给信号。

☞注意：

只有 END 前的表达式后用分号，其他表达式不用任何符号。

3．选择信号赋值语句

选择信号赋值语句是一种条件分支的并行语句，格式如下：

```
WITH 选择表达式 SELECT
      目标信号 <= 信号表达式 1 WHEN 选择条件 1，
                  信号表达式 2 WHEN 选择条件 2，
                          ……，
                  信号表达式 n WHEN 选择条件 n；
```

执行该语句时首先对选择条件表达式进行判断，当选择条件表达式的值符合某一选择条件时，就将该条件前面的信号表达式赋给目标信号。例如，当选择条件表达式的值符合条件 1 时，就将信号表达式 1 赋给目标信号；当选择条件表达式的值符合选择条件 n 时，就将信号表达式 n 赋给目标信号。使用选择信号赋值语句时，应该注意以下几点：

（1）只有当选择条件表达式的值符合某一选择条件时，才将该选择条件前面的信号表达式赋给目标信号。

（2）每一个信号表达式后面都含有 WHEN 子句。

（3）由于选择信号赋值语句是并发执行的，所以不能够在进程中使用。

（4）对选择条件的测试是同时进行的，语句将对所有的选择条件进行判断，而没有优先级之分。这时如果选择条件重叠，就有可能出现两个或两个以上的信号表达式赋给同一目标信号，这样就会引起信号冲突，因此不允许有选择条件重叠的情况。

（5）选择条件不允许出现涵盖不全的情况。如果选择条件不能涵盖选择条件表达式的所有值，就有可能出现选择条件表达式的值找不到与之符合的选择条件，这时编译将会给出错误信息。

【例 3-5】 用选择信号赋值语句描述“四选一”电路，并比较与条件信号赋值语句的区别。程序如下：

```
LIBRARY IEEE；
```

```
   USE IEEE.STD_LOGIC_1164.ALL;
ENTITY   mux4   IS
PORT(d0,d1,d2,d3：IN   STD_LOGIC;
            s0,s1：IN   STD_LOGIC;
                q：OUT STD_LOGIC);
END mux4;
ARCHITECTURE rt1 OF mux4 IS
   SIGNAL comb  :   STD_LOGIC_VECTOR(1 DOWNTO 0);
BEGIN
    comb<=s1 & s0;
    WITH comb SELECT
          q<=d0 WHEN "00",
             d1 WHEN "01",
             d2 WHEN "10",
             d3 WHEN "11",
             'Z' WHEN OTHERS;          --'Z'必须大写，表示高阻状态
END rt1;
```

需要注意的是，以上程序的选择信号赋值语句中，comb的值"00"、"01"、"10"和"11"被明确规定，而用保留字OTHERS来表示comb的所有其他可能值。因此，为了使选择条件能够涵盖选择条件表达式的所有值，这里用OTHERS来代替comb的所有其他可能值。

☞注意：

每条WHEN短句表示并列关系用逗号，最后一句用分号。

3.3.2 块语句

块语句是一种并行语句的组合方式，可以使程序更加有层次、更加清晰。在物理意义上，一个块语句对应一个子电路；在逻辑电路图上，一个块语句对应一个子电路图。块语句的格式如下：

```
块标号：BLOCK
          说明语句;
        BEGIN
          并行语句;
          ……;
        END BLOCK 块标号;
```

块标号是块的名称，块说明语句与结构体的说明语句相同，用来定义块内局部信号、数据类型、元件和子程序，在块内并行语句区可以使用所有的并行语句。

【例3-6】 设计一个电路，包含一个半加器和一个半减器。a和b为输入端、sum和co（进位）为半加器的输出端、sub和bo（借位）为半减器的输出端。电路的逻辑关系为半加器：$sum = a \oplus b, co = ab$；半减器：$sub = a \oplus b, bo = \overline{a}b$。

把加法器和减法器分成两个功能模块，分别用两个块语句来表示，程序如下：

```
LIBRARY IEEE;
   USE IEEE.STD_LOGIC_1164.ALL;
   USE IEEE.STD_LOGIC_UNSIGNED.ALL;
```

```
ENTITY adsu IS
   PORT (          a, b: IN   STD_LOGIC;
     co, sum, bo, sub: OUT STD_LOGIC);
END adsu;
ARCHITECTURE str OF adsu IS
   BEGIN
     half_add: BLOCK                          --半加器块开始
      BEGIN
       sum <= a XOR b;
       co <= a AND b;
     END BLOCK half_add;                      --半加器块结束
     half_sub: BLOCK                          --半减器块开始
       BEGIN
        sub <= a XOR b;
        bo <= (NOT a) AND b;
     END BLOCK half_sub;                      --半减器块结束
END str;
```

3.3.3 进程语句

一个结构体内可以包含多个进程语句，多个进程之间是同时执行的。进程语句本身是并行语句，但每个进程的内部则由一系列顺序语句构成。进程语句的格式如下：

```
[进程名]: PROCESS（敏感信号表）
   进程说明;                               --说明用于该进程的常数、变量和子程序
BEGIN
   变量和信号赋值语句;
   顺序语句;
END PROCESS [进程名];
```

进程语句是最重要的并行语句，是 VHDL 程序设计中应用最频繁也是最能体现硬件描述语言特点的一种语句。进程语句的主要特点归纳如下：

（1）同一结构体中的各个进程之间是并发执行的，并且都可以使用实体说明和结构体中所定义的信号；而同一进程中的描述语句则是顺序执行的，并且在进程中只能设置顺序语句。

（2）为启动进程，进程的结构中必须至少包含一个敏感信号。

（3）一个结构体中的各个进程之间可以通过信号或共享变量来进行通信，但任一进程的进程说明部分不允许定义信号和共享变量。

（4）进程语句是 VHDL 中的重要的建模语句，进程语句不但可以被综合器所支持，而且进程的建模方式直接影响仿真和综合的结果。

3.3.4 元件例化语句

一个程序包括实体和结构体，实体提供了设计单元的端口信息，结构体描述设计单元的结构和功能，最后通过综合、仿真等一系列操作，得到一个具有特定功能的电路元件。这些设计好的元件保存在当前工作目录中，其他设计实体的结构体可以调用这些元件。元件声明

语句和元件例化语句就是在一个结构体中定义元件和实现元件调用的两条语句，元件声明语句放在结构体的 ARCHITECTURE 和 BEGIN 之间，指出该结构体调用哪一个具体的元件。元件例化语句是指元件的调用，语句中的 PORT MAP 是端口映射的意思，表示结构体与元件端口之间交换数据的方式（元件调用时要进行数据交换）。两种语句的格式如下：

（1）元件声明语句（COMPONET）格式如下：

```
COMPONET  元件名
    PORT  元件端口说明  （与该元件源程序实体中的 PORT 部分相同）
END COMPONET；
```

（2）元件例化语句（PORT MAP）格式如下：

```
例化名：元件名  PORT MAP（元件端口对应关系列表）；
```

例化名是一定要有的，相当于当前系统的一个插座名，在具体的结构体中必须是唯一的。元件名是准备在此插入已定义（声明）的元件名，即元件名必须与 COMPONET 语句中的引用元件名相一致。PORT MAP 右边括号中端口列表的作用就是实现元件中的端口信号与结构体中的实际信号的正确连接。当采用 PORT MAP 语句进行元件端口信号映射时，信号之间有位置映射和名称映射两种映射（关联）方式：

（1）位置映射。就是被调用元件端口说明中信号的书写顺序及位置和 PORT MAP 语句中实际信号的书写顺序及位置一一对应。例如某元件的端口说明为：PORT（a，b：IN BIT；c：OUT BIT）；调用该元件时可使用：com1：u1 PORT MAP（n1，n2，m）；显然 n1 对应 a，n2 对应 b，m 对应 c，com1 是例化名，u1 是元件名。

（2）名称映射。就是将库中已有的模块的端口名称赋予设计中的信号名。上例可改为：com1：u1 PORT MAP（a => n1，b => n2，c => m）；

【例 3-7】 用元件例化语句实现四位移位寄存器的设计。

（1）题目分析。移位寄存器就是一种具有移位功能的寄存器阵列。移位功能是指寄存器里面存储的数据能够在外部时钟信号的作用下进行顺序左移或者右移，因此移位寄存器常常用来存储数据、实现数据的串并转换、进行数值运算以及数据处理等。四位移位寄存器可由 4 个 D 触发器组成，设触发器采用边沿触发方式，第一个触发器的输入端用来接收四位寄存器的输入信号，其余的每一个触发器的输入端均与前面一个触发器的 Q 端相连。采用了上述设定方式的四位移位寄存器的电路逻辑图如图 3-1 所示。

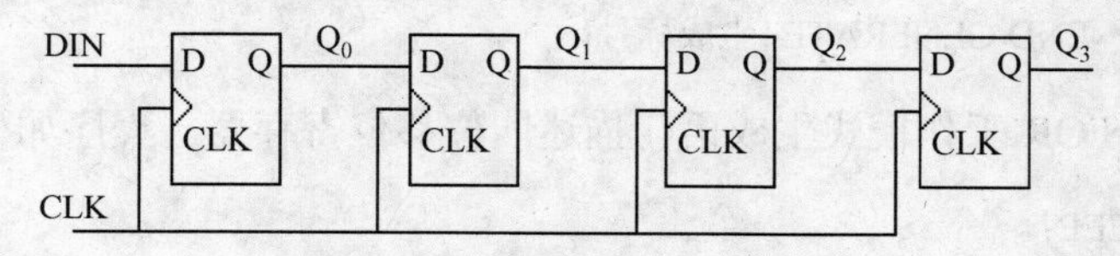

图 3-1　四位移位寄存器

（2）程序设计。根据题目分析，设计的程序如下：

```
LIBRARY IEEE;
  USE IEEE.STD_LOGIC_1164.ALL；
ENTITY    shift IS
  PORT( d1：IN       STD_LOGIC;
```

```
        cp：IN      STD_LOGIC；
        d0：OUT    STD_LOGIC)；
END shift；
ARCHITECTURE   str   OF   shift   IS
  COMPONET dff                                --元件声明语句
    PORT( d：IN    STD_LOGIC；
         clk：IN    STD_LOGIC；
           q：OUT STD_LOGIC)；
  END COMPONET；
  SIGNAL q：STD_LOGIC_VECTOR(4 DOWNTO 0)；
BEGIN
    q(0)<= d1；
    dff1  ：dff   PORT MAP (q(0),cp,q(1))；          --元件例化语句
    dff2  ：dff   PORT MAP (q(1),cp,q(2))；
    dff3  ：dff   PORT MAP (q(2),cp,q(3))；
    dff4  ：dff   PORT MAP (q(3),cp,q(4))；
    d0<=q(4)；
  END str；
```

元件例化语句与块语句都属于并行语句，元件例化语句主要用于模块化的程序设计中，并且使用该语句可以直接利用以前建立的 VHDL 模块，因此设计人员常常将一些使用频率很高的元件程序放在工作库中，以便于在以后的设计中直接调用，避免了大量重复性的书写工作。元件例化语句也体现了分层次的思想，每个元件就是一个独立的设计实体，可以把一个复杂的设计实体划分成多个简单的元件来设计。

3.3.5 生成语句

生成语句是一种循环语句，具有复制电路的功能。当设计一个由多个相同单元模块组成的电路时，利用生成语句复制一组完全相同的并行组件或设计单元电路结构，避免多段相同结构的重复书写，以简化设计。生成语句有 FOR 工作模式和 IF 工作模式两种。

1．FOR 工作模式的生成语句

FOR 工作模式常常用来进行重复结构的描述，格式如下：

```
[生成标号：] FOR  循环变量   IN  取值范围  GENERATE
                  并行语句；
            END GENERATE [生成标号]；
```

【例 3-8】 用 FOR 工作模式生成语句描述四位移位寄存器。程序如下：

```
LIBRARY IEEE；
 USE IEEE.STD_LOGIC_1164.ALL；
ENTITY    shiftreg IS
  PORT( d1：IN       STD_LOGIC；
        cp：IN       STD_LOGIC；
        d0：OUT    STD_LOGIC)；
END shiftreg；
ARCHITECTURE str    OF    shiftreg IS
```

```
COMPONENT dff                                          --元件声明
  PORT( d：IN   STD_LOGIC；
      clk：IN   STD_LOGIC；
        q：OUT STD_LOGIC)；
END COMPONENT；
SIGNAL q：STD_LOGIC_VECTOR(4 DOWNTO 0)；
BEGIN
  q(0)<= d1；
  reg1：FOR i IN 0 TO 3 GENERATE                       --FOR 工作模式生成语句
      dffx：dff  PORT  MAP (q(i)，cp，q(i+1))；        --元件例化
      END GENERATE reg1；
  d0<=q(4)；
END str；
```

通过比较【例 3-7】和【例 3-8】两个程序可以看出，【例 3-8】用一个 FOR 工作模式的生成语句来代替了 4 条元件例化语句。不难看出，当移位寄存器的位数增加时，FOR 工作模式的生成语句只需要修改循环变量 i 的循环范围就可以了。

FOR 工作模式的生成语句无法描述端口内部信号和端口信号的连接，所以【例 3-8】中只好用了两条信号赋值语句来实现内部信号和端口信号的连接。另外，实现内部信号和端口信号的连接还有一种方法，就是 IF 工作模式的生成语句。

2. IF 工作模式的生成语句

IF 工作模式的生成语句常用来描述带有条件选择的结构。格式如下：

```
[生成标号：] IF  条件  GENERATE
              并行语句;
          END GENERATE [生成标号];
```

其中，条件是一个布尔表达式，返回值为布尔类型：当返回值为 TRUE 时，就会去执行生成语句中的并行处理语句；当返回值为 FALSE 时，则不执行生成语句中的并行处理语句。

FOR 工作模式生成语句常用来进行重复结构的描述，其循环变量是一个局部变量，取值范围可以选择递增和递减两种形式，如 0 TO 4（递增）和 3 DOWNTO 1（递减）等。IF 工作模式生成语句主要用于描述含有例外情况的结构，如边界处发生的特殊情况。该语句中只有 IF 条件为 TURE 时，才执行结构体内部的语句。由于两种工作模式各有特点，因此在实际的硬件数字电路设计中，两种工作模式常常可以同时使用。

【例 3-9】 用 FOR 和 IF 工作模式的生成语句描述八位移位寄存器。程序如下：

```
LIBRARY IEEE；
  USE IEEE.STD_LOGIC_1164.ALL；
ENTITY   shift1 IS
  PORT( d1：  IN    STD_LOGIC；
        cp：  IN    STD_LOGIC；
        d0：  OUT STD_LOGIC)；
END shift1；
ARCHITECTURE str  OF  shift1 IS
  COMPONENT dff
```

```
    PORT( d：IN STD_LOGIC；
        clk：IN STD_LOGIC；
           q：OUT STD_LOGIC)；
  END COMPONENT；
  SIGNAL q：STD_LOGIC_VECTOR(7 DOWNTO 1)；
  BEGIN
   reg：
    FOR i IN 0 TO 7 GENERATE                        -- FOR 工作模式生成语句
     g1：IF i=0 GENERATE                           --IF 工作模式生成语句
          dffx：dff   PORT   MAP(d1，cp，q(i+1))；
          END GENERATE；
     g2：IF i=7 GENERATE
          dffx：dff   PORT   MAP (q(i)，cp，d0)；
          END GENERATE；
     g3：IF ((i/=0)AND(i/=7)) GENERATE               --IF 语句描述规则部分
          dffx：dff PORT MAP(q(i)，cp，q(i+1))；
          END GENERATE；
    END GENERATE reg；
  END str；
```

本程序使用了元件说明语句、元件例化语句、FOR 工作模式生成语句和 IF 工作模式生成语句实现了一个由 8 个 D 触发器构成的八位移位寄存器。在 FOR 工作模式的生成语句中，IF 工作模式的生成语句首先进行条件 i=0 和 i=7 的判断，即判断所产生的 D 触发器是移位寄存器的第一级还是最后一级。如果是第一级触发器，就将寄存器的输入信号 d1 代入到 PORT MAP 语句中；如果是最后一级触发器，就将寄存器的输出信号 d0 代入到 PORT MAP 语句中。这样就方便地实现了内部信号和端口信号的连接，而不需要再采用其他的信号赋值语句了。

3.4 VHDL 的顺序语句

顺序语句是严格按照书写的先后顺序执行的，用来实现模型的算法部分。虽然 VHDL 大部分语句是并行语句，但在进程、过程、块和子程序（包括函数）等基本单元中，却是由顺序语句构成，顺序语句与传统的软件设计语言非常相似。在实际编程时，应将并行语句和顺序语句灵活运用才符合 VHDL 的设计要求和硬件特点。常用的顺序语句有：IF 语句、CASE 语句、子程序和 LOOP 语句等。

3.4.1 IF 语句

IF 语句是根据所指定的一种或多种条件来决定执行哪些语句的一种重要顺序语句，因此也可以说成是一种控制转向语句。一般有 3 种格式：

（1）跳转控制。格式如下：

```
IF   条件   THEN
     顺序语句；
END   IF；
```

当程序执行到 IF 语句时，先判断 IF 语句指定的条件是否成立。如果成立，IF 语句所包含的顺序处理语句将被执行；如果条件不成立，程序跳过 IF 语句包含的顺序语句，而执行 END IF 语句后面的语句，这里的条件起到决定是否跳转的作用。

【例 3-10】 用 IF 语句描述一个上升沿触发的基本 D 触发器。

```
LIBRARY IEEE;
  USE IEEE.STD_LOGIC_1164.ALL;
ENTITY dffc IS
   PORT（clk， d：IN      STD_LOGIC;
              qout：OUT    STD_LOGIC）;
END dffc;
ARCHITECTURE one OF dffc IS
  BEGIN
   PROCESS（CLK）
     BEGIN
      IF（CLK'EVENT AND CLK='1'）THEN        --判断时钟脉冲上升沿
      qout <= d;
    END IF;
   END PROCESS;
END one;
```

这个程序用于描述时钟信号边沿触发的时序逻辑电路。进程中的 CLK 是敏感信号，变化时进程就要执行一次。表达式 CLK'EVENT AND CLK='1'用来判断 CLK 的上升沿，若是上升沿则执行 qout <= d，否则 qout 保持不变。EVENT 是信号的属性函数，可用来描述信号的变化；RISING_EDGE（CLK）用来判断 CLK 的上升沿；FALLING_EDGE（CLK）用来判断 CLK 的下降沿。

（2）二选一控制。格式如下：

```
IF   条件   THEN
     顺序语句;
ELSE
     顺序语句;
END   IF;
```

根据 IF 所指定的条件是否成立，程序可以选择两种不同的执行路径，当条件成立时，程序执行 THEN 和 ELSE 之间的顺序语句部分，再执行 END IF 之后的语句；当 IF 语句的条件不成立时，程序执行 ELSE 和 END IF 之间的顺序语句，再执行 END IF 之后的语句。

【例 3-11】 用 IF 语句描述一个“二选一”电路。设 a 和 b 为选择电路的输入信号，sel 为选择控制信号，output 为输出信号。

```
ENTITY selection2 IS
  PORT（a，b， sel：IN      BIT;
              output：OUT   BIT）;
END selection2;
ARCHITECTURE data OF selection2 IS
 BEGIN
  PROCESS（a，b，sel）
```

```
      BEGIN
       IF（sel ='1'）THEN                              -- 控制信号 sel 为 1 则输出 a
          output< = a;
       ELSE
          output< = b;
       END IF;
    END PROCESS;
END data;
```

（3）多选择控制语句。格式如下：

```
IF  条件 1   THEN   顺序语句 1;
   ELSIF   条件 2   THEN   顺序语句 2;
      ……;
   ELSIF   条件 n   THEN   顺序语句 n;
    ELSE   顺序语句  n+1;
END IF;
```

多选择控制的 IF 语句，可允许在一个语句中出现多重条件，实际上是条件的嵌套。当满足所给定的多个条件之一时，就执行该条件后的顺序语句；当所有的条件都不满足时，则执行 ELSE 和 END IF 之间的语句。

☞注意：

每个 IF 语句必须有一个对应的 END IF 语句。

【例 3-12】 用 IF 语句描述一个“四选一”电路，设输入信号为 a0~a3，sel 为选择信号，y 为输出信号。

```
LIBRARY IEEE;
  USE IEEE.STD_LOGIC_1164.ALL;
ENTITY selection4 IS
  PORT（a ：IN   STD_LOGIC_VECTOR（3 DOWNTO 0）;
         sel ：IN   STD_LOGIC_VECTOR（1 DOWNTO 0）;
           y：OUT STD_LOGIC）;
END selection4;
ARCHITECTURE one OF selection4 IS
  BEGIN
    PROCESS（a，sel）          --进程中任何一个信号出现变化，将导致进程执行一次
     BEGIN
      IF（sel ="00"）THEN
        y < = a（0）;
     ELSIF（sel ="01"）THEN
        y < = a（1）;
     ELSIF（sel ="10"）THEN
        y < = a（2）;
      ELSE
        y < = a（3）;
```

```
        END IF；
      END PROCESS；
    END one；
```

IF 语句不仅可用于选择器设计，还可用于比较器、译码器等条件控制的电路设计中。IF 语句中至少要有一个条件句，其条件表达式必须使用关系运算符（=，/=，<，>，<=，>=）及逻辑运算表达式，表达式输出的结果是布尔量，即 TURE 或 FALSE。

3.4.2 CASE 语句

CASE 语句和 IF 语句的功能有些类似，是一种多分支开关语句，可根据满足的条件直接选择多个顺序语句中的一个执行。CASE 语句可读性好，很容易找出条件和动作的对应关系，经常用来描述总线、编码和译码等行为。CASE 语句的格式如下：

```
CASE   表达式   IS
    WHEN   条件选择值 1=> 顺序语句 1；
    WHEN   条件选择值 2=> 顺序语句 2；
    WHEN   条件选择值 3=> 顺序语句 3；
                ……；
    WHEN   OTHERS => 顺序语句 n；
END   CASE；
```

其中 WHEN 的条件选择值有以下几种形式：

（1）单个数值，如 WHEN 3。

（2）并列数值，如 WHEN 1 | 2，表示取值 1 或者 2。

（3）数值选择范围，如 WHEN（1 TO 3），表示取值为 1、2、或者 3。

（4）其他取值情况，如 WHEN OTHERS，常出现在 END CASE 之前，代表已给出的各条件选择值中未能列出的其他可能取值。

执行 CASE 语句时，先计算 CASE 和 IS 之间表达式的值，当表达式的值与某一个条件选择值相同（或在其范围内）时，程序将执行对应的顺序语句。

☞注意：

语句中的=>不是运算符，只相当于 THEN 的作用。

【例 3-13】 用 CASE 语句描述一个 3-8 线译码器，设 d0~d2 为译码器的输入信号，g1、g2、g3 为允许信号，当 g1=1、g2=0、g3=0 时，允许编码，y 为输出信号。

```
LIBRARY IEEE；
  USE IEEE.STD_LOGIC_1164.ALL；
ENTITY decode38 IS
  PORT（g1，g2，g3：IN     STD_LOGIC；
                  d：IN     STD_LOGIC_VECTOR（2 DOWNTO 0）；
                  y：OUT    STD_ LOGIC_VECTOR（7 DOWNTO 0））；
END decode38；
ARCHITECTURE   a   OF decode38 IS
  BEGIN
```

```
    PROCESS（d，g1，g2，g3）
      BEGIN
       IF（g1='1' AND g2='0' AND g3 ='0' ）THEN
         CASE d IS
           WHEN "000" => y < ="11111110";
           WHEN "001" => y < ="11111101";
           WHEN "010" => y < ="11111011";
           WHEN "011" => y < ="11110111";
           WHEN "100" => y < ="11101111";
           WHEN "101" => y < ="11011111";
           WHEN "110" => y < ="10111111";
           WHEN "111" => y < ="01111111";
           WHEN OTHERS => y < ="11111111";          --其他情况输出全 1
         END CASE;
       ELSE
         y < ="11111111";
       END IF;
    END PROCESS;
  END a;
```

CASE 语句只能在进程中使用，其中表达式的值一定在条件选择值范围内。CASE 语句执行中必须能够选中且只能选中所列条件语句中的一条。而 IF 语句是先处理开始的条件，如果不满足再处理下一个条件。

3.4.3 子程序

子程序是由一组顺序语句组成的，可以在程序包、结构体和进程中定义，只有定义后才能被主程序调用，子程序将处理结果返回给主程序，主程序和子程序之间通过端口参数关联进行数据传送，其含义与其他高级语言相同。每次调用时，都要先对子程序进行初始化，一次执行结束后再次调用需再次初始化，因此子程序内部定义的变量都是局部量。虽然子程序可以被多次调用完成重复性的任务，但从硬件角度看，VHDL 的综合工具对每次调用的子程序都要生成一个电路逻辑模块，因此设计者在频繁调用子程序时需要考虑硬件的承受能力。VHDL 中的子程序有两种类型：过程和函数。过程和函数的区别主要是返回值和参数不同，过程调用可以通过其接口返回多个值，函数只能返回单个值；过程可以有输入参数、输出参数和双向参数，函数的所有参数都是输入参数。

1．过程（PROCEDURE）

过程的定义语句由两部分组成，即过程首和过程体。过程定义的格式为：

```
PROCEDURE 过程名  参数列表                --过程首
PROCEDURE 过程名  参数列表  IS            --过程体
    说明部分;
BEGIN
    顺序语句;
END 过程名;
```

在进程或结构体中，过程首可以省略，过程体放在结构体的说明部分；在程序包中必须定义过程首，把过程首放在程序包的包头部分，而过程体放在包体部分。在过程参数列表中可以对常量、变量和信号 3 类数据对象作出说明，这些对象可以是输入参数、输出参数，也可以是双向参数，用 IN、OUT、INOUT 和 BUFFER 定义这些参数的端口模式。

调用过程语句的格式为：

```
过程名　参数列表；
```

【例 3-14】　用一个过程语句来实现四位二进制数据求和的运算程序。

```
LIBRARY IEEE;
  USE IEEE.STD_LOGIC_1164.ALL;
  USE IEEE.STD_LOGIC_ARITH.ALL;
  USE IEEE.STD_LOGIC_UNSIGNED.ALL;
ENTITY   psum   IS
  PORT（ a，b，c ：IN      STD_LOGIC_VECTOR（3 DOWNTO 0）;
           clk，clr ：IN      STD_LOGIC;      --clr 为复位端，高电平有效
                  d ：OUT    STD_LOGIC_VECTOR（3 DOWNTO 0））;
END   psum;
ARCHITECTURE   a   OF psum   IS
PROCEDURE add1（data，datb，datc：IN   STD_LOGIC_VECTOR;     --定义过程体
                                datout：OUT STD_LOGIC_VECTOR）IS
  BEGIN
    datout：= data+datb+datc;                  --数据求和
END add1;                                      --过程体定义结束。在结构体中省略了过程首
  BEGIN                                        --结构体开始
    PROCESS（clk）
     VARIABLE tmp：STD_LOGIC_VECTOR（3 DOWNTO 0）;
       BEGIN                                   --进程开始
       IF（clk'EVENT AND clk='1'）THEN
        IF（clr ='1'）THEN                     --高电平复位
         tmp：= "0000" ;
        ELSE
         add1（a，b，c，tmp）;                 --过程调用
        END IF;
       END IF;
     d <= tmp;
  END PROCESS;
END a;
```

2．函数（FUNCTION）

函数语句分为两个部分：函数首和函数体。在进程和结构体中，函数首可以省略，而在程序包中，必须定义函数首，放在程序包的包首部分，而函数体放在包体部分。格式如下：

```
FUNCTION 函数名（参数列表）              --函数首
  RETURN  数据类型名;
FUNCTION 函数名（参数列表）              --函数体
```

```
    RETURN 数据类型名 IS
      说明部分；
    BEGIN
      顺序语句；
      RETURN  返回变量；
END 函数名；
```

函数语句中参数列表列出的参数都是输入参数，可以对常量、变量和信号 3 类数据对象作出说明，默认的端口模式是 IN。在函数语句中，如果参数没有特别指定，就看作常数处理。调用函数语句返回的数据及其数据类型是由返回变量和返回变量的数据类型决定的。

调用函数语句的格式为：

```
y <= 函数名（参数列表）；
```

【例 3-15】 编写一个能在两个四位二进制数中找出最大值的函数，并将这段函数放在一个程序包（PACKAGE）中，然后在主程序中调用该函数，输出最大值。

（1）在名称为 blockA 的程序包中定义函数名称为 maxA 的函数，程序包文件名为 blockA.vhd，编译成功后放在当前的 WORK 库中，供程序调用。

```
LIBRARY IEEE；
  USE IEEE.STD_LOGIC_1164.ALL；
PACKAGE blockA IS                              --定义程序包的包头，blockA 是程序包名
FUNCTION maxA（a：STD_LOGIC_VECTOR；          --定义函数首，函数名是 maxA
              b：STD_LOGIC_VECTOR）
          RETURN STD_LOGIC_VECTOR；            --定义函数返回值的类型
END blockA；
PACKAGE BODY  blockA IS                         --定义程序包体
  FUNCTION maxA（a：STD_LOGIC_VECTOR；         --定义函数体
                b：STD_LOGIC_VECTOR）
          RETURN  STD_LOGIC_VECTOR  IS
  VARIABLE  tmp ：  STD_LOGIC_VECTOR（3 DOWNTO 0）；
   BEGIN
     IF（a > b）THEN
      tmp：= a；
     ELSE
      tmp：= b；
     END IF；
   RETURN tmp；                                 --tmp 是函数返回变量
  END maxA；                                    --函数体结束
END blockA；
```

（2）调用函数 maxA 的程序，文件名是 smax.vhd。

```
LIBRARY IEEE；
  USE IEEE.STD_LOGIC_1164.ALL；
LIBRARY  WORK；                      --若处于当前工作库，可以不调用 WORK 库
  USE WORK. blockA.ALL；             --调用块 blockA
```

```
ENTITY smax IS
PORT（dc，da，db： IN  STD_LOGIC_VECTOR（3 DOWNTO 0）；
          clk，clr： IN  STD_LOGIC；
                d ：OUT  STD_ LOGIC_VECTOR（3 DOWNTO 0））；
END smax；
ARCHITECTURE a OF smax IS
  BEGIN
   PROCESS（clk）
     BEGIN
      IF（clk'EVENT AND clk='1'）THEN
       IF（clr ='1'）THEN
        d <= dc；                          --复位有效，dc 的数值放入信号 d 中
       ELSE
        d <= maxA（da，db）；               --调用函数，最大值放入信号 d 中
       END IF；
      END IF；
  END PROCESS；
END a；
```

3.4.4 LOOP 语句

设计人员在工作过程中，常常会遇到某些操作重复进行或操作要重复进行到某个条件满足为止的问题，如果采用一般的 VHDL 描述语句，往往需要进行大量程序段的重复书写，这样将会浪费时间。为了解决这个问题，同其他高级语言一样，VHDL 也提供了可以实现迭代控制的循环语句，即 LOOP 语句。LOOP 语句可以使程序有规则地循环执行，循环次数取决于循环参数的取值范围。常用的循环语句有 FOR 和 WHILE 两种。

1．FOR 循环

FOR 循环是一种已知循环次数的语句，其格式如下：

```
[循环标号]：FOR 循环变量 IN 循环次数范围 LOOP
               顺序语句；
           END LOOP [循环标号]；
```

其中，循环标号是用来表示 FOR 循环语句的标识符，是可选项。循环次数范围表示循环变量的取值范围，且在每次循环中，循环变量的值都要发生变化。例如：

```
ASUM：FOR i IN 1 TO 9 LOOP           -- ASUM 为循环标号
    sum = 1+sum；
    END LOOP   ASUM；
```

i 是一个临时循环变量，属于 FOR 语句的局部变量，不必事先定义，由 FOR 语句自动定义，在 FOR 语句中不应再使用其他与此变量同名的标识符。i 从循环范围的初值开始，每循环一次就自动加 1，直到超出循环范围的终值为止。

【例 3-16】 用 FOR 循环语句描述一个八位奇校验电路，电路输入信号为 a，输出信号为 y。奇偶校验是一种检查所传输信息错误的简单方法，如采用奇校验传送 7 位二进制信息，

则在7个信息位后加一个奇校验位，如果前7位中1的个数是奇数，则第8位加0；如果前7位中1的个数是偶数，则第8位加1，这样使整个字符代码（共8位）1的个数恒为奇数。接收端如检测到某字符代码中1的个数不是奇数，即可判定为错码而不予接收，通知发送端重发。同理也可采用偶校验。奇校验程序如下：

```
LIBRARY IEEE;
  USE IEEE.STD_LOGIC_1164.ALL;
ENTITY pc IS
  PORT（a ：IN     STD_LOGIC_VECTOR（7 DOWNTO 0）;
          y：OUT    STD_LOGIC）;
END pc;
ARCHITECTURE odd OF pc IS
  BEGIN
    cbc：PROCESS（a）
     VARIABLE tmp：STD_LOGIC;              --tmp为局部变量，只能在进程中定义
       BEGIN
         tmp：='0';
         FOR i IN 0 TO 7 LOOP                 --循环变量i由循环语句自动定义
          tmp：= tmp XOR a（i）;
         END LOOP;                            --默认了循环标号
     y <= tmp;
  END PROCESS cbc;
END odd;
```

2．WHILE 循环

WHILE 循环是一种未知循环次数的语句，循环次数取决于条件表达式是否成立。其格式如下：

```
[循环标号]：WHILE 条件表达式 LOOP
                    顺序语句；
              END LOOP [循环标号];
```

循环标号是用来表示 WHILE 循环语句的标识符，是可选项。在循环语句中，没有给出循环次数的范围，而是给出了循环语句的条件。WHILE 后边的条件表达式是一个布尔表达式，如果条件为 TURE，则进行循环，如果条件为 FALSE，则结束循环。

如果采用 WHILE 循环语句描述【例 3-16】的八位奇校验电路，只要将结构体程序改写即可：

```
ARCHITECTURE a OF pc IS
  BEGIN
  cbc：PROCESS（a）
    VARIABLE   tmp：STD_LOGIC;       --tmp为局部变量，只能在进程中定义
    VARIABLE        i：  INTEGER;      --定义循环变量i，WHILE语句不能自定义
    BEGIN
        tmp ：='0';
        i：=0;                                --给循环变量i赋初值
        WHILE (i<8) LOOP
```

```
        tmp ：= tmp XOR a（i）；
        i：=i+1；
      END LOOP；
    y <= tmp；
  END PROCESS cbc；
END a；
```

☞注意：

并非所有的EDA综合器都支持WHILE语句。

3.5 实训 VHDL程序设计

3.5.1 边沿JK触发器的设计

1．实训目标

（1）熟悉VHDL程序结构。

（2）练习程序的编译与错误修改。

（3）练习信号、变量和元件例化语句的应用。

（4）能够利用波形图分析VHDL程序。

2．基本JK触发器的设计

（1）分析设计题目。基本JK触发器只具有置0、置1、计数和保持4种基本功能，触发方式有时钟脉冲上升沿触发和下降沿触发两种，有较强的抗干扰能力。上升沿有效的边沿JK触发器的状态如表3-4所示。

表3-4 上升沿有效的边沿JK触发器状态表

clk（时钟）	J	k	Q^{n+1}	说 明
0	×	×	Q^n	不是边沿，输出保持原状态
1	×	×	Q^n	
↑	0	0	Q^n	有效边沿，输出保持原状态不变
↑	0	1	0	有效边沿，输出状态和j相同（置0）
↑	1	0	1	有效边沿，输出状态和j相同（置1）
↑	1	1	$\overline{Q^n}$	有效边沿，输出状态翻转（计数）

（2）实体的确定。实体是设计外部电路的端口。根据表3-4分析，应该有clk、j、k 3个输入端，一个q输出端，数据类型都可以使用标准逻辑位类型（STD_LOGIC）。实体的名称取JK1。实体程序如下：

```
ENTITY  JK1  IS
    PORT ( clk ,j , k      : IN      STD_LOGIC;
                  q        : OUT   STD_LOGIC);
END  JK1 ;
```

（3）结构体的确定。结构体描述设计实体内部结构和实体端口之间的逻辑关系，是实体的一个组成单元。为了描述表 3-4 所示的逻辑关系，要使用选择控制语句（IF 语句），还需要一个进程语句来执行 clk、j、k 的变化。由于输出方向定义为 OUT 的信号 q 不能出现在赋值语句的右侧，无法描述触发器的计数状态，需要设置一个临时信号，信号的声明需要放在结构体中。程序如下：

```
ARCHITECTURE   a   OF   JK1   IS                --结构体的名称是 a
  SIGNAL   tmp   :STD_LOGIC;                    --临时信号 tmp 的声明
BEGIN
  PROCESS(clk,j,k)                              --敏感信号 clk、j、k
    BEGIN
  IF clk'EVENT AND clk='1' THEN                 --判断时钟上升沿
    IF j='0' AND k='0' THEN tmp<=tmp;           --保持
      ELSIF j='0' AND k='1' THEN
        tmp <='0';
      ELSIF j='1' AND k='0'    THEN
        tmp <='1';
      ELSE    tmp <=NOT tmp;                    --计数
    END IF;
  END IF;
  q<= tmp;
  END PROCESS;
END a;
```

(4)库和程序包的确定。由于实体中定义的信号类型不是 VHDL 默认类型，需要调用 IEEE 库中的 STD_LOGIC_1164 程序包，而且要放在实体的前面。程序如下：

```
LIBRARY IEEE;                                   --调用 IEEE 库
  USE IEEE.STD_LOGIC_1164.ALL;                  --打开程序包
```

（5）波形仿真。编辑的程序文件通过编译后，可以进行波形仿真。仿真结果如图 3-2 所示。

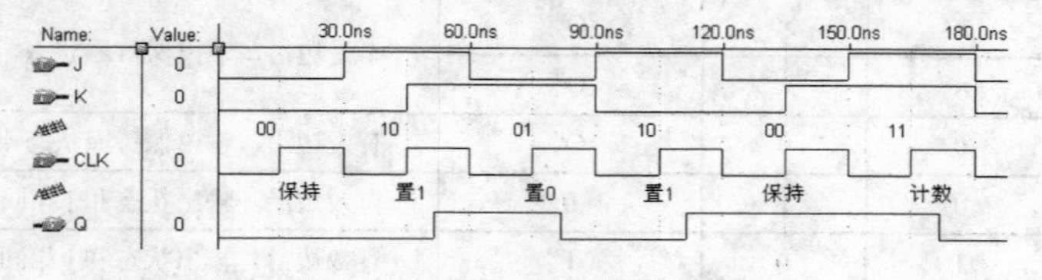

图 3-2　基本 JK 触发器波形

3．异步复位、同步置位 JK 触发器的设计

（1）分析设计题目。异步复位是只要复位端有效，不需要等时钟的有效边沿到来就立刻使触发器清零，即输出为 0。同步置位是指置位端有效，还需等待时钟的有效边沿到来，才能使触发器置位，即输出为 1。若复位端与置位端同时有效，则输出为不定状态（输出可能为 1，也可能为 0）。可以在基本 JK 触发器的基础上设计。

（2）实体的确定。实体的名称取 JK2。需要添加复位（clr）、置位（prn）两个输入端，低电平有效，数据类型使用标准逻辑位类型（STD_LOGIC）。实体程序如下：

```
ENTITY   JK2   IS
  PORT ( clk , j , k        : IN       STD_LOGIC;
```

```
          clr , prn    : IN      STD_LOGIC;
                  q     : OUT    STD_LOGIC);
END   JK2 ;
```

（3）结构体的确定。异步复位与时钟有效边沿无关，可以放在边沿检测语句之前；同步置位在时钟有效边沿到来才起作用，可以放在边沿检测语句之后。另外，也可以把信号 tmp 设置成变量，但变量的声明需要放在进程中。输出保持原有状态也可以用 NULL（空操作）表示。程序如下：

```
ARCHITECTURE   a   OF   JK2   IS
BEGIN
  PROCESS(clk,j,k)
    VARIABLE   tmp   : STD_LOGIC;
  BEGIN
    IF clr='0' THEN
      tmp：='0';
    ELSIF   clk'EVENT AND clk='1' THEN                --边沿检测
      IF prn='0' THEN tmp ：='1';
        ELSIF j='0' AND k='0' THEN NULL;              --保持原有状态
        ELSIF j='0' AND k='1' THEN
          tmp ：='0';
        ELSIF j='1' AND k='0'   THEN
          tmp ：='1';
        ELSE tmp ：=NOT tmp;
        END IF;
    END IF;
  q<= tmp;
END PROCESS;
END a;
```

（4）库和程序包的确定。实体中的信号类型与基本 JK 触发器相同，结构体中没有特殊的运算符，因此，库和程序包也与基本 JK 触发器相同。程序如下：

```
LIBRARY IEEE;
  USE IEEE.STD_LOGIC_1164.ALL;
```

（5）波形仿真。编辑的程序文件通过编译后，可以进行波形仿真。仿真结果如图 3-3 所示。

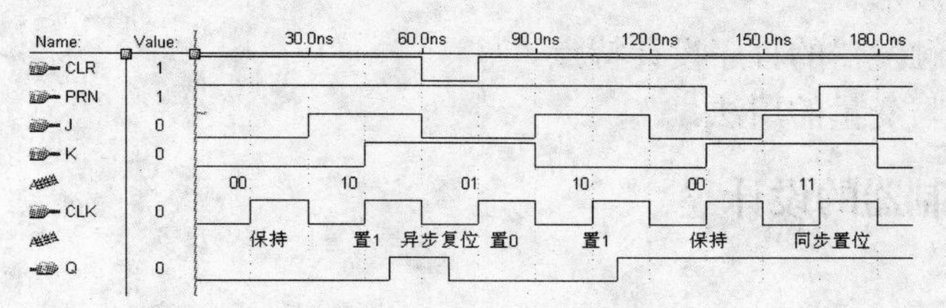

图 3-3　异步复位、同步置位的 JK 触发器波形

4．异步复位/置位、同步使能 JK 触发器的设计

（1）分析设计题目。使能是指当使能端有效时，触发器才能够开始工作；当使能端无效

时，触发器保持原有状态。库 Altera 内的程序包 MAXPLUS2 中的 JKFFE 元件描述了一个异步复位/置位、同步使能的 JK 触发器，符号是 JKFFE。可以利用元件例化语句，通过管脚匹配将 JKFFE 的各端口与本次设计的实体端口连接起来，即可完成设计。

（2）库和程序包的确定。不但要用到 IEEE 库，还要用到 Altera 库。程序如下：

```
LIBRARY IEEE;
   USE IEEE.STD_LOGIC_1164.ALL;
LIBRARY ALTERA;
   USE ALTERA.MAXPLUS2.ALL;
```

（3）实体和结构体的确定。实体中加入使能端 en，结构体中使用元件例化语句即可。程序如下：

```
ENTITY JK3 IS
   PORT(j, k, clk,clr,prn,en   : IN     STD_LOGIC;
                          q    : OUT STD_LOGIC );
END JK3;
ARCHITECTURE   a   OF   JK3   IS
   BEGIN
      exam: JKFFE
         PORT MAP (j=>j,k=>k,clk=>clk, clrn=>clr,prn=>prn, ena=>en, q=>q);
END a;
```

（4）波形仿真。编辑的程序文件通过编译后，可以进行波形仿真。仿真结果如图 3-4 所示。

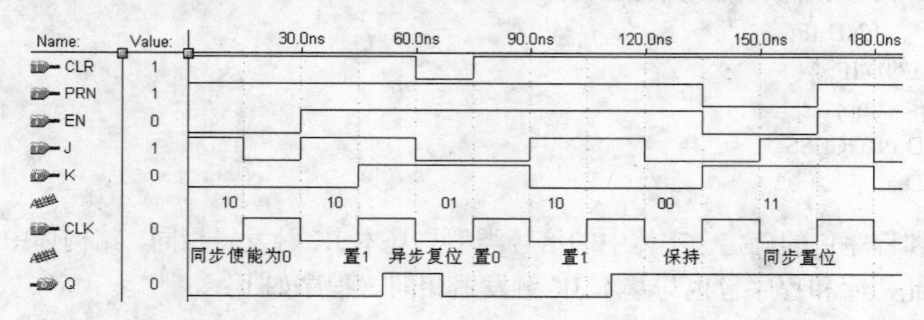

图 3-4　异步复位/置位、同步使能的 JK 触发器波形

5．实训报告

（1）记录仿真波形。

（2）分析 3 种触发器的程序设计特点。

（3）说明信号与变量的用法。

3.5.2　交通灯控制器的设计

1．实训目标

（1）学习 VHDL 程序设计方法。

（2）熟悉 VHDL 程序结构。

（3）练习程序的编译与错误修改。

2．两方向交通灯控制器

（1）分析设计题目。设东西方向和南北方向的车流量大致相同，因此两个方向的红、黄、绿灯亮的时间也相同。黄灯是红灯变绿灯、绿灯变红灯的过渡信号，一是提醒司机和行人注意信号的变化；二是让已经出发但未能走完的行人和车辆通过。设红灯每次亮 34 秒，黄灯每次亮 4 秒，绿灯每次亮 30 秒。用时钟脉冲的个数来表示时间，假设一个时钟周期就是 1 秒。用 1 代表灯亮、0 代表灯暗。交通灯的循环顺序如表 3-5 所示。

表 3-5　交通灯的循环顺序

时　间	东西方向			南北方向		
	红灯	黄灯	绿灯	红灯	黄灯	绿灯
30 秒	1	0	0	0	0	1
2 秒	1	0	0	0	1	0
2 秒	0	1	0	0	1	0
2 秒	0	1	0	1	0	0
30 秒	0	0	1	1	0	0
2 秒	0	1	0	1	0	0
2 秒	0	1	0	0	1	0
2 秒	1	0	0	0	1	0

从表 3-5 中可以看出，交通灯共有 8 种状态，某个方向红灯亮的时间等于另一个方向绿灯和黄灯发光时间之和，每个方向信号灯发光顺序是红→黄→绿→黄→红。

（2）实体的确定。根据表 3-5 所示，应该有一个输入端（clk），可用标准逻辑类型（STD_LOGIC）；一个输出端（y），由于要代表两个方向共 6 个信号灯的状态，数据类型应该使用标准逻辑数组类型（STD_LOGIC_VECTOR），用包含 6 个元素的数组代表 3 个信号灯。实体的名称取 traffic。

（3）结构体的确定。为了描述表 3-5 所示的逻辑关系，设一个代表时间的变量 m，m 计算时钟脉冲的个数，利用 m 的数值区间实现要求的逻辑关系。全部程序如下：

```
LIBRARY IEEE;
  USE IEEE.STD_LOGIC_1164.ALL;
ENTITY traffic IS
  PORT( clk    : IN     STD_LOGIC;
            y   : OUT    STD_LOGIC_VECTOR(5 DOWNTO 0));
END traffic;
ARCHITECTURE a OF traffic IS
BEGIN
  PROCESS(clk)
    VARIABLE m : INTEGER RANGE 0 TO 72;        --整数类型，取值范围 0~72
    BEGIN
    IF clk'EVENT AND clk='1' THEN
      IF m>=72 THEN m:=1;
      ELSE m:=m+1;
       IF m<=30 THEN y<="100001";
       ELSIF m<=32 THEN y<="100010";
       ELSIF m<=34 THEN y<="010010";
       ELSIF m<=36 THEN y<="010100";
```

```
            ELSIF m<=66 THEN y<="001100";
            ELSIF m<=68 THEN y<="010100";
            ELSIF m<=70 THEN y<="010010";
            ELSE    y<="100010";
            END IF;
          END IF;
        END IF;
      END PROCESS;
    END a;
```

（4）波形仿真。编辑的程序文件通过编译后，可以进行波形仿真。仿真结果如图 3-5 所示。

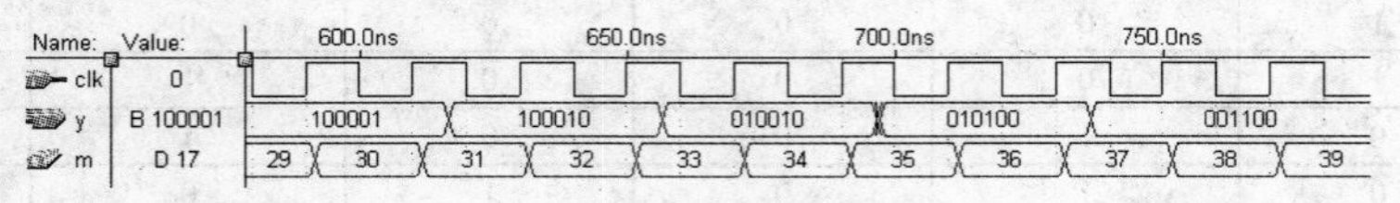

图 3-5　交通灯控制器波形图

3．带有急停按钮的交通灯控制器

（1）分析设计题目。有些特殊的车辆（如救护车、消防车等），需要快速通行，可以看作交通紧急状态。当紧急状态出现时，按下急停按钮，两个方向都指示红灯，禁止普通车辆通行。急停按钮抬起，紧急状态解除，继续原有状态。可在程序中需增加一个输入管脚 urgency，作为急停按钮，采用异步工作方式。

（2）程序设计。

```
LIBRARY IEEE;
  USE IEEE.STD_LOGIC_1164.ALL;
ENTITY traffic IS
  PORT( clk,urgency    : IN     STD_LOGIC;
                  y    : OUT    STD_LOGIC_VECTOR(5 DOWNTO 0));
END traffic;
ARCHITECTURE a OF traffic IS
BEGIN
  PROCESS(clk,urgency)                          --进程中加入 urgency 作为敏感信号
   VARIABLE m : INTEGER RANGE 0 TO 72;
   BEGIN
   IF urgency='0' THEN y<="100100";
     ELSIF clk'event and clk='1' THEN
       IF m>=72 THEN m:=1;
         ELSE m:=m+1;
          IF m<=30 THEN y<="100001";
            ELSIF m<=32 THEN y<="100010";
            ELSIF m<=34 THEN y<="010010";
            ELSIF m<=36 THEN y<="010100";
            ELSIF m<=66 THEN y<="001100";
            ELSIF m<=68 THEN y<="010100";
            ELSIF m<=70 THEN y<="010010";
          ELSE    y<="100010";
```

```
        END IF;
      END IF;
    END IF;
  END PROCESS;
END a;
```

（3）波形仿真，如图 3-6 所示。

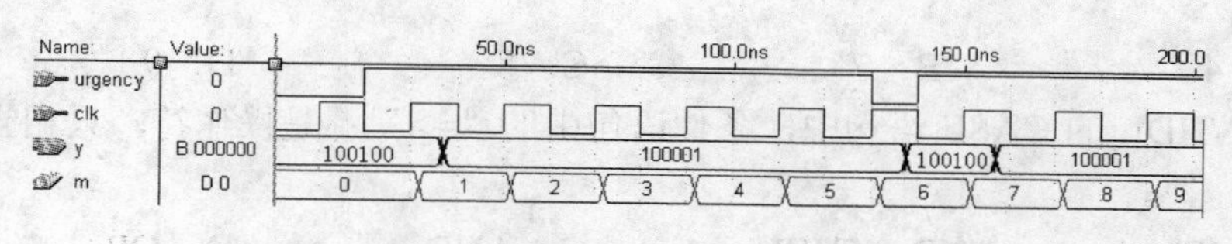

图 3-6　带急停按钮的交通灯控制器波形图

4．实训报告

（1）记录仿真波形。

（2）分析程序设计特点。

（3）若设置左转向灯，应如何修改程序。

3.6　习题

1．填空题

（1）VHDL 设计文件由（　　）、（　　）、库和（　　）等部分构成，其中（　　）和（　　）可以构成最基本的 VHDL 程序。

（2）在 VHDL 中最常用的库是（　　）标准库。

（3）VHDL 的结构体用来描述设计实体的（　　）和（　　），是外界看不到的部分。

（4）在 VHDL 的端口声明语句中，端口方向包括（　　）、（　　）、（　　）和（　　）。

（5）VHDL 的字符是以（　　）括起来的数字、字母或符号。

（6）VHDL 的标识符名必须以（　　），后跟若干字母、数字或单个下划线构成。

（7）VHDL 的数据对象包括（　　）、（　　）和（　　），用来存放各种类型的数据。

（8）VHDL 的变量是一个（　　），只能在进程、函数和过程中声明和使用。

2．单项选择题

（1）VHDL 的设计实体可以被高层次的系统（　　），成为系统的一部分。

A．输入　　B．输出　　C．仿真　　D．调用

（2）VHDL 的实体声明部分用来指定设计单元的（　　）。

A．输入端口　　B．输出端口　　C．引脚　　D．以上均可

（3）一个设计不可以拥有一个或多个（　　）。

A．实体　　B．结构体　　C．输入　　D．输出

（4）在 VHDL 的端口声明语句中，用（　　）声明端口为具有读功能的输出方向。

A．IN　　B．OUT　　C．INOUT　　D．BUFFER

（5）在 VHDL 中，（　　）的数据传输不是立即发生的，目标信号的赋值需要一定的延时时间。

A．信号　　B．变量　　C．常量　　D．变量

（6）在 VHDL 中，定义信号名时可以用（　　）符号为信号赋初值。

A．=:　　　B．=　　　C．:=　　　D．<=

（7）在 VHDL 中，目标变量的赋值符号是（　　）。

A．=:　　　B．=　　　C．:=　　　D．<=

（8）在 VHDL 的 IEEE 标准库中，预定义的标准逻辑位数据 STD_LOGIC 有（　　）种逻辑值。

A．4　　　B．7　　　C．8　　　D．9

（9）在 VHDL 的 CASE 语句中，条件语句中的“=>”不是操作符，只相当于（　　）的作用。

A．IF　　　B．THEN　　　C．AND　　　D．OR

（10）在 VHDL 的并行语句之间，可以用（　　）来传递信息。

A．变量　　　B．信号　　　C．常量　　　D．变量或信号

（11）在 VHDL 中，PROCESS 结构内部是由（　　）语句组成的。

A．顺序　　　B．并行　　　C．顺序或并行　　　D．任何

（12）VHDL 的块语句是并行语句结构，其内部是由（　　）语句构成。

A．顺序　　　B．并行　　　C．顺序或并行　　　D．任何

（13）在 VHDL 的进程语句中，敏感信号表列出的是电路的（　　）信号。

A．输入　　　B．时钟　　　C．输出　　　D．输入或时钟

（14）VHDL 的 WORK 库是用户设计的现行工作库，用于存放（　　）的工程项目。

A．用户自己设计　　　B．公共程序　　　C．共享数据　　　D．图形文件

（15）在 VHDL 中，为了使已声明的数据类型、子程序、元件能被其他设计实体调用或共享，可以汇集在（　　）中。

A．设计实体　　　B．子程序　　　C．结构体　　　D．包

3．进程的敏感信号是什么？进程与赋值语句有何异同？

4．怎样使用库及库内的程序包？列举出 3 种常用的程序包。

5．BIT 类型数据与 STD_LOGIC 类型数据有什么区别？

6．信号与变量使用时有何区别？BUFFER 与 INOUT 有何异同？

7．为什么实体中定义的整数类型通常要加上一个范围限制？

8．改正程序中的错误。

```
LIBRARY IEEE;
 USE   IEEE.STD_LOGIC_1164.ALL;
 USE   STD_LOGIC_UNSIGNED.ALL;
ENTITY   Exe_8   IS ;
  PORT (   CLK: IN STD_LOGIC;
                    Q: BUFFER STD_LOGIC_VECTOR (7 DOWNTO 0); );
END Exe_8;
ARCHITECTURE   a   OF   Exe IS
 BEGIN
  Process (CLK)
   VARIABLE   QTEMP : STD_LOGIC_VECTOR(6 UP 0);
```

```
    BEGIN
      IF CLK'EVENT AND CLK='1' THEN
        QTEMP:=QTEMP+1;
      END IF;
      Q<=QTEMP;
  END PROCESS;
END a;
```

9．已知逻辑表达式为 f = a+bc，试用并行运算语句编写 VHDL 源程序，并进行时序仿真验证。

10．设计一个 3 人表决器。（提示：设置 3 个输入，1 个输出。输入变量为 1 时表示表决者赞同，反之表示反对。输出变量为 1 时表示表决“通过”，“通过”的条件是少数服从多数）

11．用 VHDL 语言设计一个 5 位偶校验器。（提示：偶校验是在信息位后加一个偶校验位，如果信息位中 1 的个数是偶数，则偶校验位加 0；如果信息位中 1 的个数是奇数，则第 8 位加 1，这样使整个字符代码 1 的个数恒为偶数。接收端如检测到某字符代码中 1 的个数不是偶数，即可判定为错码而不予接收，通知发送端重发）

第 4 章　数字系统设计入门

本章要点

- 逻辑电路设计
- Quartus II 软件的应用
- VHDL 程序设计

4.1　数据比较器的设计

在数字控制设备中，经常需要对两个数字量进行比较，按比较结果进行控制选择。这种用来判断两个数字之间关系的逻辑电路称为数字比较器。仅仅比较两个数字是否相等的比较器称为同比较器；不但能够比较两个数字是否相等，还能比较两数大小的比较器称为大小比较器。

4.1.1　同比较器

1．题目要求

利用 Quartus II 软件的图形输入方式，设计一位二进制数字的同比较器，完成编译和波形仿真后，下载到实验平台验证电路功能。

2．电路设计

设输入的两个二进制数分别为 A、B，用 Y 表示比较结果。若两数相等，输出 1；两数不等输出 0。同比较器的真值表如表 4-1 所示。

表 4-1　同比较器真值表

输 入 端		输 出 端
A	B	Y
0	0	1
0	1	0
1	0	0
1	1	1

由真值表推导出同比较器的逻辑表达式：$Y = \overline{A}\overline{B} + AB = A \odot B$

3．建立项目

（1）在计算机的 F 盘，建立文件夹 F:\ EXAM411 作为项目文件夹，项目名为 COMPA、顶层设计文件名也为 COMPA。

（2）启动 Quartus II，单击“Create a New Project”按钮打开新项目建立向导，在新项目建立向导对话框中分别输入项目文件夹、项目名和顶层设计文件名。

（3）由于采用图形输入方式，在添加文件对话框的 File name 中输入 COMPA.bdf，然后单击“Add”按钮，添加该文件。

（4）在器件设置对话框中选择 ACEX1K 系列的 EP1K30TC144-1 芯片；在 EDA 工具设置对话框中选择 None，使用 Quartus II 自带的工具。

（5）单击“Finish”按钮，关闭新项目建立向导。

☞注意：

软件的标题栏必须变为 F:/ EXAM411/ COMPA- COMPA。

4．编辑与编译

（1）编辑。单击 File→New 选项，选中 Block Diagram/Schematic File，单击“OK”按钮，打开图形编辑器窗口。

（2）打开图形文件编辑窗口，根据同比较器的逻辑表达式，依次输入 1 个 XNOR（同或门）、2 个 INPUT（输入管脚）和 1 个 OUTPUT（输出管脚）。编辑完成后的电路如图 4-1 所示。

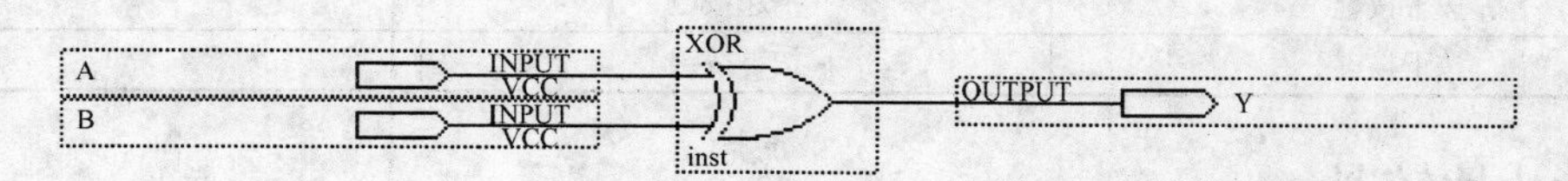

图 4-1　同比较器逻辑图

将此图形文件按默认名称（即 COMPA），保存在 EXAM411 文件夹下。

（3）编译。单击 Processing→Start Compilation 选项，启动全程编译。如果设计中存在错误，可以根据 Massage-Compiler 窗口所提供的信息进行修改，重新编译，直到没有错误为止。

5．波形仿真

（1）单击 File→New 选项，选中 Vector Waveform File 选项，单击“OK”按钮，建立波形输入文件。

（2）单击 Edit→End Time 选项，设定仿真时间为 2μs；单击 Edit→Grid Size 选项，设定仿真时间周期为 40ns。将波形文件以默认名存入文件夹 F:\ EXAM411 文件夹下。

（3）单击 View→Utility Windows→Node Finder 选项，加入元件管脚；调整波形坐标间距后，利用波形编辑按钮，分别给输入管脚编辑波形。

（4）单击 Processing→Start Simulation 选项，启动仿真器。使用调整焦距工具调整波形坐标间距，仿真结果如图 4-2 所示。

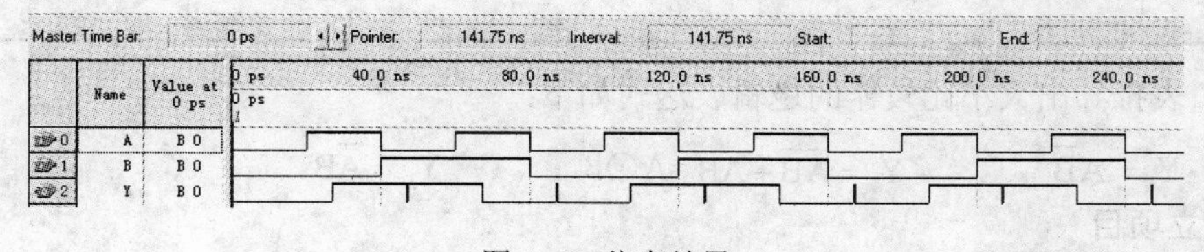

图 4-2　仿真结果

6．编程

（1）单击 Assignments→Assignments Editor 选项，出现配置编辑器窗口，单击 Category 输入框右侧的下拉按钮，从中选择 Pin 选项。根据使用实验箱的具体情况锁定管脚。

（2）再次编译成功后，就可以将锁定的管脚信息加入到设计文件中。

（3）使用电缆将计算机和实验箱连接，接通实验箱电源。单击 Tools→Programmer 选项，在编程窗口中进行硬件配置，可选择 LPT1 接口输出的 ByteBlasterMV or ByteBlaster II 硬件类型，编程方式选中 JTAG 编程方式。

（4）在编程窗口中，单击选中 COMPA.sof 文件，再单击“Start”按钮，即可开始对芯片编程。

7．电路测试

按键按下输入信号为 1，按键指示灯亮；按键抬起输入信号为 0，按键指示灯暗。输出信号为 1 时，信号灯亮；输出信号为 0 时，信号灯暗。测试结果如表 4-2 所示。

表 4-2　同比较器电路测试结果

输 入 端		输 出 端
A	B	Y
抬起按键	抬起按键	亮
抬起按键	按下按键	暗
按下按键	抬起按键	暗
按下按键	按下按键	亮

4.1.2　大小比较器

1．题目要求

利用 QuartusⅡ软件的图形输入方式，设计一位二进制数字的大小比较器，完成编译和波形仿真后，下载到实验平台验证电路功能。

2．电路设计

设输入的两个二进制数分别为 A、B，用 Y 表示比较结果。若 A>B，则 $Y_1=1$、$Y_2=0$、$Y_3=0$；若 A=B，则 $Y_1=0$、$Y_2=1$、$Y_3=0$；若 A<B，则 $Y_1=0$、$Y_2=0$、$Y_3=1$。大小比较器的真值表如表 4-3 所示。

表 4-3　大小比较器真值表

输 入 端		输 出 端		
A	B	$Y_1(A>B)$	$Y_2(A=B)$	$Y_3(A<B)$
0	0	0	1	0
0	1	0	0	1
1	0	1	0	0
1	1	0	1	0

由真值表推导出大小比较器的逻辑表达式如下：

$$Y_1 = A\overline{B} \qquad Y_2 = \overline{A}\overline{B} + AB = A \odot B \qquad Y_3 = \overline{A}B$$

3．建立项目

（1）在计算机的 F 盘，建立文件夹 F:\ EXAM412 作为项目文件夹，项目名为 COMPB、顶层设计文件名也为 COMPB。

（2）启动 QuartusⅡ，单击“Create a New Project”按钮打开新项目建立向导，在新项目建立向导对话框中分别输入项目文件夹、项目名和顶层设计文件名。

（3）由于采用图形输入方式，在添加文件对话框的 File name 中输入 COMPB.bdf，然后单击“Add”按钮，添加该文件。

（4）在器件设置对话框中选择 ACEX1K 系列的 EP1K30TC144-1 芯片；在 EDA 工具设

置对话框中选择 None，使用 Quartus II 自带的工具。

（5）单击“Finish”按钮，关闭新项目建立向导。

☞**注意：**

软件的标题栏必须变为 F:/ EXAM412/ COMPB- COMPB。

4．编辑与编译

（1）编辑。单击 File→New 选项，选中 Block Diagram/Schematic File，单击“OK”按钮，打开图形编辑器窗口。

（2）打开图形文件编辑窗口，根据大小比较器的逻辑表达式，依次输入 2 个 NOT（非门）、2 个 AND2（与门）、1 个 XNOR（同或门）、2 个 INPUT（输入管脚）和 3 个 OUTPUT（输出管脚）。编辑完成后的电路如图 4-3 所示。

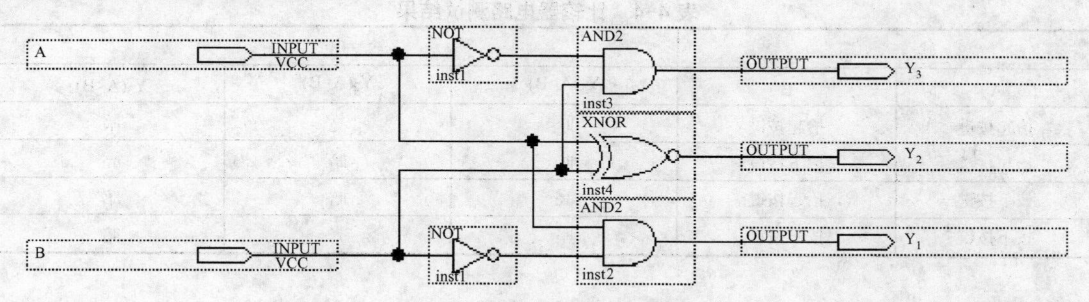

图 4-3　大小比较器逻辑图

将此图形文件按默认名称（即 COMPB），保存在 EXAM412 文件夹下。

（3）编译。单击 Processing→Start Compilation 选项，启动全程编译。如果设计中存在错误，可以根据 Massage-Compiler 窗口所提供的信息进行修改，重新编译，直到没有错误为止。

5．波形仿真

（1）单击 File→New 选项，选中 Vector Waveform File 选项，单击“OK”按钮，建立波形输入文件。

（2）单击 Edit→End Time 选项，设定仿真时间为 2μs；单击 Edit→Grid Size 选项，设定仿真时间周期为 40ns。将波形文件以默认名存入文件夹 F:\ EXAM412 文件夹下。

（3）单击 View→Utility Windows→Node Finder 选项，加入元件管脚；调整波形坐标间距后，利用波形编辑按钮，分别给输入管脚编辑波形。

（4）单击 Processing→Start Simulation 选项，启动仿真器。使用调整焦距工具调整波形坐标间距，仿真结果如图 4-4 所示。

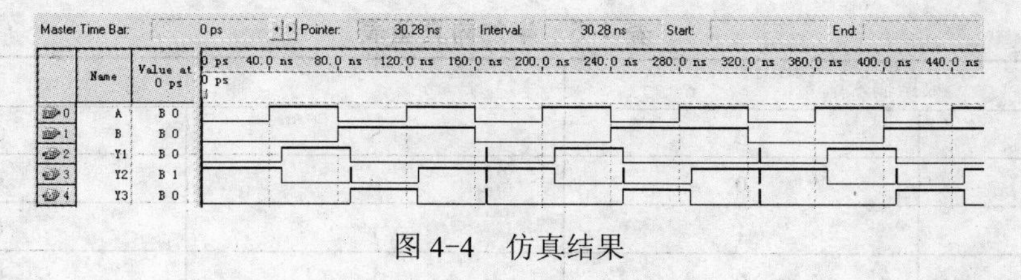

图 4-4　仿真结果

6．编程

（1）单击 Assignments→Assignments Editor 选项，出现配置编辑器窗口，单击 Category

输入框右侧的下拉按钮，从中选择 Pin 选项。根据使用实验箱的具体情况锁定管脚。

（2）再次编译成功后，就可以将锁定的管脚信息加入到设计文件中。

（3）使用电缆将计算机和实验箱连接，接通实验箱电源。单击 Tools→Programmer 选项，在编程窗口中进行硬件配置，可选择 LPT1 接口输出的 ByteBlasterMV or ByteBlasterⅡ硬件类型，编程方式选中 JTAG 编程方式。

（4）在编程窗口中，单击选中 COMPB.sof 文件，再单击“Start”按钮，即可开始对芯片编程。

7．电路测试

按键按下输入信号为 1，按键指示灯亮；按键抬起输入信号为 0，按键指示灯暗。输出信号为 1 时，信号灯亮；输出信号为 0 时，信号灯暗。测试结果如表 4-4 所示。

表 4-4　比较器电路测试结果

输　入　端		输　出　端		
A	B	Y_1(A>B)	Y_2(A=B)	Y_3(A<B)
抬起按键	抬起按键	暗	亮	暗
抬起按键	按下按键	暗	暗	亮
按下按键	抬起按键	亮	暗	暗
按下按键	按下按键	暗	亮	暗

4.2　加法器的设计

加法器能够完成二进制数字的加法运算，是最基本的运算单元电路，有半加器和全加器两种。

4.2.1　半加器

只考虑两个加数本身的相加，不考虑来自低位的进位，这样的加法运算称为半加，实现这种运算的逻辑电路称为半加器。半加器可对两个一位二进制数进行加法运算，同时产生进位。

1．题目要求

利用 QuartusⅡ软件的图形输入方式，设计一位二进制半加器，完成编译和波形仿真后，下载到实验平台验证电路功能。

2．电路设计

设半加器的输入端为 A（被加数）和 B（加数）；输出端为 S（和）和 C（进位）。根据半加器的题目要求列出真值表，如表 4-5 所示。

表 4-5　半加器真值表

数据输入端		输　出　端	
A	B	S	C
0	0	0	0
0	1	1	0
1	0	1	0
1	1	0	1

由真值表推导出半加器的逻辑表达式如下：

$$S = \overline{A}B + A\overline{B} = A \oplus B \qquad C = AB$$

3．建立项目

（1）在计算机的 F 盘，建立文件夹 F:\ EXAM421 作为项目文件夹，项目名为 HADD、顶层设计文件名也为 HADD。

（2）启动 QuartusⅡ，单击“Create a New Project”按钮打开新项目建立向导，在新项目建立向导对话框中分别输入项目文件夹、项目名和顶层设计文件名。

（3）由于采用图形输入方式，在添加文件对话框的 File name 中输入 HADD.bdf，然后单击“Add”按钮，添加该文件。

（4）在器件设置对话框中选择 ACEX1K 系列的 EP1K30TC144-1 芯片；在 EDA 工具设置对话框中选择 None，使用 QuartusⅡ自带的工具。

（5）单击“Finish”按钮，关闭新项目建立向导。

☞注意：

软件的标题栏必须变为 F:/ EXAM421/ HADD-HADD。

4．编辑与编译

（1）编辑。单击 File→New 选项，选中 Block Diagram/Schematic File，单击“OK”按钮，打开图形编辑器窗口。

（2）打开图形文件编辑窗口，根据半加器的逻辑表达式，依次输入 1 个 XOR（异或门）、1 个 AND2（与门）、2 个 INPUT（输入管脚）和 2 个 OUTPUT（输出管脚），按照逻辑关系将其连接，编辑完成的文件如图 4-5 所示。

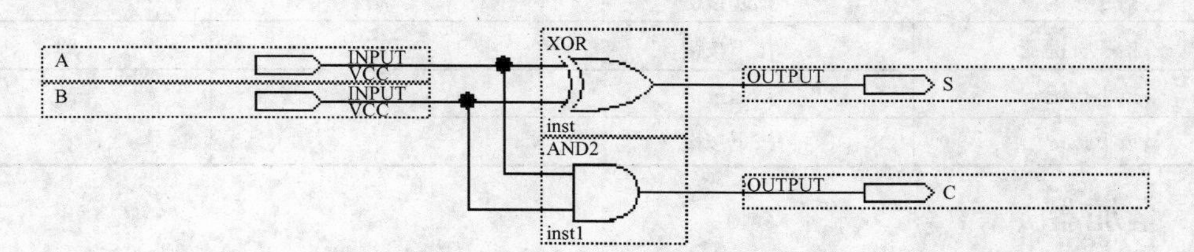

图 4-5 半加器逻辑图

将此图形文件按默认名称（即 HADD），保存在 EXAM421 文件夹下。

（3）编译。单击 Processing→Start Compilation 选项，启动全程编译。如果设计中存在错误，可以根据 Massage-Compiler 窗口所提供的信息进行修改，重新编译，直到没有错误为止。

5．波形仿真

（1）单击 File→New 选项，选中 Vector Waveform File 选项，单击“OK”按钮，建立波形输入文件。

（2）单击 Edit→End Time 选项，设定仿真时间为 1μs；单击 Edit→Grid Size 选项，设定仿真时间周期为 40ns。将波形文件以默认名存入文件夹 F:\ EXAM421 文件夹下。

（3）单击 View→Utility Windows→Node Finder 选项，加入元件管脚；调整波形坐标间距后，利用波形编辑按钮，分别给输入管脚编辑波形。

（4）单击 Processing→Start Simulation 选项，启动仿真器。使用调整焦距工具调整波形坐标间距，仿真结果如图 4-6 所示。

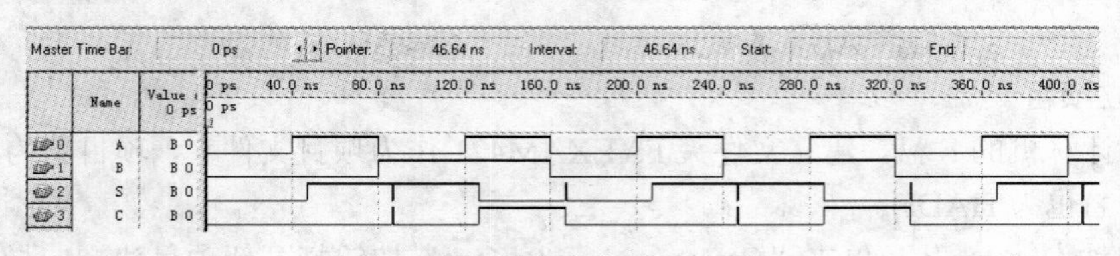

图 4-6 仿真结果

6．编程

（1）单击 Assignments→Assignments Editor 选项，出现配置编辑器窗口，单击 Category 输入框右侧的下拉按钮，从中选择 Pin 选项。根据使用实验箱的具体情况锁定管脚。

（2）再次编译成功后，就可以将锁定的管脚信息加入到设计文件中。

（3）使用电缆将计算机和实验箱连接，接通实验箱电源。单击 Tools→Programmer 选项，在编程窗口中进行硬件配置，可选择 LPT1 接口输出的 ByteBlasterMV or ByteBlasterⅡ硬件类型，编程方式选中 JTAG 编程方式。

（4）在编程窗口中，单击选中 HADD.sof 文件，再单击“Start”按钮，即可开始对芯片编程。

7．电路测试

按键按下输入信号为 1，按键指示灯亮；按键抬起输入信号为 0，按键指示灯暗。输出信号为 1 时，信号灯亮；输出信号为 0 时，信号灯暗。测试结果如表 4-6 所示。

表 4-6 半加器电路测试结果

数据输入端		输 出 端	
A	B	S	C
抬起按键	抬起按键	暗	暗
抬起按键	按下按键	亮	暗
按下按键	抬起按键	亮	暗
按下按键	按下按键	暗	亮

4.2.2 全加器

不仅考虑两个一位二进制数的相加，而且还考虑来自低位进位的运算电路，称为全加器。全加器有 3 个输入端、2 个输出端。

1．题目要求

利用 QuartusⅡ软件的图形输入方式，设计一位二进制全加器，完成编译和波形仿真后，下载到实验平台验证电路功能。

2．电路设计

设全加器的输入端为 A（被加数）、B（加数）、C_i（低位进位）；输出端为 S（和）和 C_o（进位）。根据全加器的题目要求列出真值表，如表 4-7 所示。

表 4-7 全加器真值表

数据输入端			输 出 端	
A	B	C_i	S	C_o
0	0	0	0	0

（续）

数据输入端			输　出　端	
0	0	1	1	0
0	1	0	1	0
0	1	1	0	1
1	0	0	1	0
1	0	1	0	1
1	1	0	0	1
1	1	1	1	1

由真值表推导出全加器的逻辑表达式如下：

$$S = A \oplus B \oplus C_i \qquad C_o = AB + AC_i + BC_i$$

3．建立项目

（1）在计算机的 F 盘，建立文件夹 F:\ EXAM422 作为项目文件夹，项目名为 SADD、顶层设计文件名也为 SADD。

（2）启动 QuartusⅡ，单击“Create a New Project”按钮打开新项目建立向导，在新项目建立向导对话框中分别输入项目文件夹、项目名和顶层设计文件名。

（3）由于采用图形输入方式，在添加文件对话框的 File name 中输入 SADD.bdf，然后单击“Add”按钮，添加该文件。

（4）在器件设置对话框中选择 ACEX1K 系列的 EP1K30TC144-1 芯片；在 EDA 工具设置对话框中选择 None，使用 QuartusⅡ自带的工具。

（5）单击“Finish”按钮，关闭新项目建立向导。

☞注意：

软件的标题栏必须变为 F:/ EXAM422/ SADD-SADD。

4．编辑与编译

（1）编辑。单击 File→New 选项，选中 Block Diagram/Schematic File，单击“OK”按钮，打开图形编辑器窗口。

（2）打开图形文件编辑窗口，依次输入两个 XOR（异或门）、3 个 AND2（与门）、1 个 OR3（或门）、3 个 INPUT（输入管脚）和 2 个 OUTPUT（输出管脚），按照逻辑关系将其连接，完成的文件如图 4-7 所示。

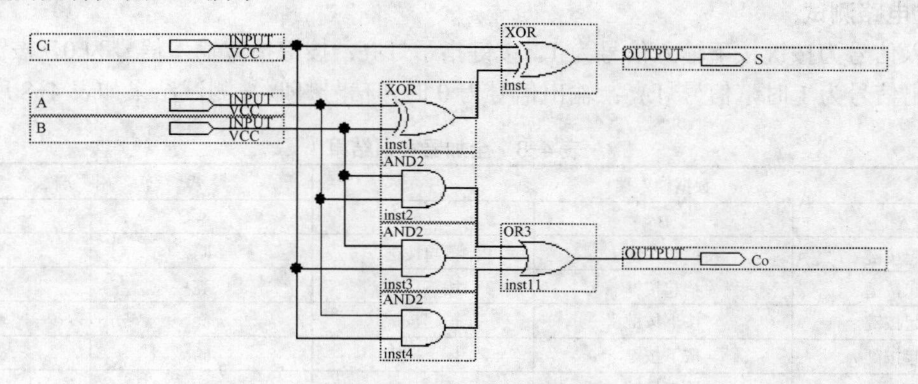

图 4-7　全加器逻辑图

将此图形文件按默认名称（即 SADD），保存在 EXAM422 文件夹下。

（3）编译。单击 Processing→Start Compilation 选项，启动全程编译。如果设计中存在错误，可以根据 Massage-Compiler 窗口所提供的信息进行修改，重新编译，直到没有错误为止。

（4）生成符号元件。单击 File→Create/Update→Create Symbol Files for Current File 选项，在弹出的对话框中将此符号文件按默认名称（即 SADD）保存，扩展名为.bsf。该元件可作为独立的器件供其他设计调用。

5．波形仿真

（1）单击 File→New 选项，选中 Vector Waveform File 选项，单击“OK”按钮，建立波形输入文件。

（2）单击 Edit→End Time 选项，设定仿真时间为 1 微秒；单击 Edit→Grid Size 选项，设定仿真时间周期为 40 纳秒。将波形文件以默认名存入文件夹 F:\ EXAM422 文件夹下。

（3）单击 View→Utility Windows→Node Finder 选项，加入元件管脚；调整波形坐标间距后，利用波形编辑按钮，分别给输入管脚编辑波形。

（4）单击 Processing→Start Simulation 选项，启动仿真器。使用调整焦距工具调整波形坐标间距，仿真结果如图 4-8 所示。

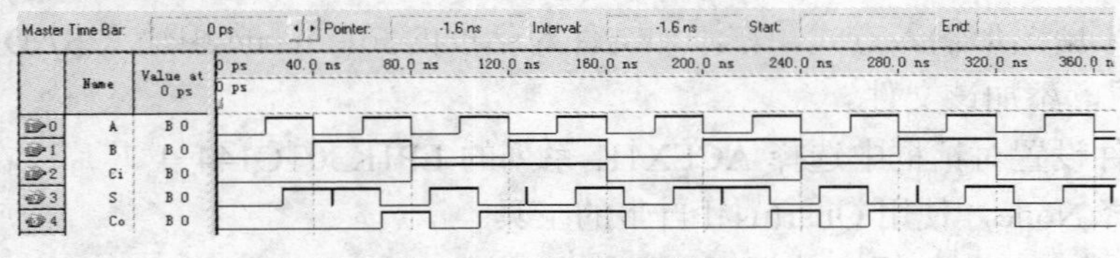

图 4-8　全加器仿真波形

6．编程

（1）单击 Assignments→Assignments Editor 选项，出现配置编辑器窗口，单击 Category 输入框右侧的下拉按钮，从中选择 Pin 选项。根据使用实验箱的具体情况锁定管脚。

（2）再次编译成功后，就可以将锁定的管脚信息加入到设计文件中。

（3）使用电缆将计算机和实验箱连接，接通实验箱电源。单击 Tools→Programmer 选项，在编程窗口中进行硬件配置，可选择 LPT1 接口输出的 ByteBlasterMV or ByteBlaster Ⅱ 硬件类型，编程方式选中 JTAG 编程方式。

（4）在编程窗口中，单击选中 SADD.sof 文件，再单击“Start”按钮，即可开始对芯片编程。

7．电路测试

输入信号为按键按下输入信号为 1，按键指示灯亮；按键抬起输入信号为 0，按键指示灯暗。输出信号为 1 时，信号灯亮；输出信号为 0 时，信号灯暗。测试结果如表 4-8 所示。

表 4-8　全加器实训结果

数据输入端			输　出　端	
A	B	C_i	S	C_0
抬起按键	抬起按键	抬起按键	暗	暗
抬起按键	抬起按键	按下按键	亮	暗
抬起按键	按下按键	抬起按键	亮	暗
抬起按键	按下按键	按下按键	暗	亮
按下按键	抬起按键	抬起按键	亮	暗

（续）

数据输入端			输出端	
按下按键	抬起按键	按下按键	暗	亮
按下按键	按下按键	抬起按键	暗	亮
按下按键	按下按键	按下按键	亮	亮

4.2.3 四位加/减法器

根据运算符号的不同状态，既能够进行加法运算，又能够进行减法运算的数字电路叫做加/减法器。四位加/减法器是可以对两个四位二进制数进行加、减运算，并考虑来自低位的进位。

1．题目要求

利用 QuartusⅡ软件的图形输入方式，设计四位加/减法器，完成编译和波形仿真后，下载到实验平台验证电路功能。

2．电路设计

四位加/减法器可以在全加器的基础上进行，把 4 个全加器、加减控制信号用异或门组合到一起。其应具备的管脚为输入端：A[3..0]、B[3..0]、Sign（0 表示加法运算、1 表示减法运算）；输出端：S[3..0]、Bit（加法运算时，Bit=1 代表进位；减法运算时，Bit=0 表示借位）。四位加/减法器的真值表如表 4-9 所示。

表 4-9 四位加/减法器真值表

输入端			输出端	
Sign	A[3..0]	B[3..0]	S[3..0]	Bit
0	A	B	A+B	进位
1	A	B	A–B	借位

3．建立项目

（1）在计算机的 F 盘，建立文件夹 F:\ EXAM423 作为项目文件夹，项目名为 DADD、顶层设计文件名也为 DADD。

（2）启动 QuartusⅡ，单击“Create a New Project”按钮打开新项目建立向导，在新项目建立向导对话框中分别输入项目文件夹、项目名和顶层设计文件名。

（3）在添加文件对话框的 File name 中输入 DADD.bdf，然后单击“Add”按钮，添加该文件；因为需要使用先前生成的全加器元件 SADD. bsf，可单击添加文件对话框的 File name 右侧的按钮，选择 EXAM422 文件夹下的 SADD，再次单击“Add”按钮，添加 SADD. bdf 文件。

（4）在器件设置对话框中选择 ACEX1K 系列的 EP1K30TC144-1 芯片；在 EDA 工具设置对话框中选择 None，使用 QuartusⅡ自带的工具。

（5）单击“Finish”按钮，关闭新项目建立向导。

☞注意：

软件的标题栏必须变为 F:/ EXAM423/ DADD-DADD。

4．编辑与编译

（1）编辑。单击 File→New 选项，选中 Block Diagram/Schematic File，单击“OK”按钮，打开图形编辑器窗口。

（2）单击元件输入对话框中 Name 输入框右侧按钮，在弹出的“打开”对话框中选择 F:\ EXAM422 文件夹下的 SADD.bsf 文件，并复制成 4 个，再依次输入两个 XOR（异或门）、3 个 AND2（与门）、1 个 OR3（或门）、3 个 INPUT（输入管脚）和两个 OUTPUT（输出管脚）。

（3）在管脚的 PIN_NAME 处双击，按照表 4-9 所示更改输入和输出管脚名称。

（4）命名节点线：选中与总线连接的节点线（在线上单击），这时在线的旁边会出现一个黑色短竖线，即可输入节点线名称，但需要注意连接信号输入、输出端的节点线，其名称要与相应管脚的名称对应。例如与管脚 A[3..0]相连的 4 条节点线分别命名为 A[0]、A[1]、A[2]、A[3]，不同的节点线名代表总线的数据分配关系。

（5）更改连线类型：选中连线单击鼠标右键，在弹出的下拉菜单中选择 Bus Line（总线）或 Node Line（节点线）选项。传送两个以上信号时，必须选用总线，仅传送一个信号时最好使用默认的节点线。按照逻辑关系将其连接，完成的文件如图 4-9 所示。

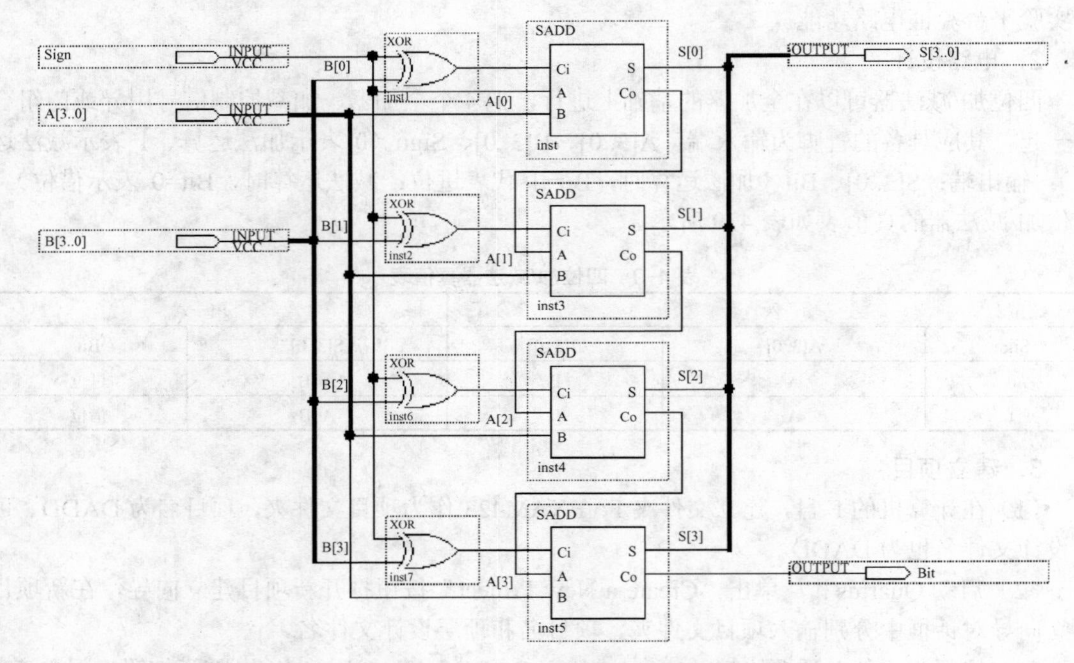

图 4-9　四位加/减法器逻辑图

将此图形文件按默认名称（即 DADD），保存在 EXAM423 文件夹下。

（6）编译。单击 Processing→Start Compilation 选项，启动全程编译。如果设计中存在错误，可以根据 Massage-Compiler 窗口所提供的信息进行修改，重新编译，直到没有错误为止。

5．波形仿真

（1）单击 File→New 选项，选中 Vector Waveform File 选项，单击“OK”按钮，建立波形输入文件。

（2）单击 Edit→End Time 选项，设定仿真时间为 1 微秒；单击 Edit→Grid Size 选项，设定仿真时间周期为 40 纳秒。将波形文件以默认名存入文件夹 F:\ EXAM423 文件夹下。

（3）单击 View→Utility Windows→Node Finder 选项，加入元件管脚；调整波形坐标间距后，利用波形编辑按钮，分别给输入管脚编辑波形。

（4）选中信号 A，单击计数器按钮，弹出如图 4-10 所示的计数器对话框。

单击 Radix 右侧的下拉按钮，从中选择 Hexadecimal（十六进制），单击“确定”按钮；信号 B 与 A 相同，只是将 Start value 输入框改为 5（表示从 5 开始计数）。

（5）在信号 S 右侧 Value at 0 ps 处双击，弹出如图 4-11 所示的管脚参数对话框。

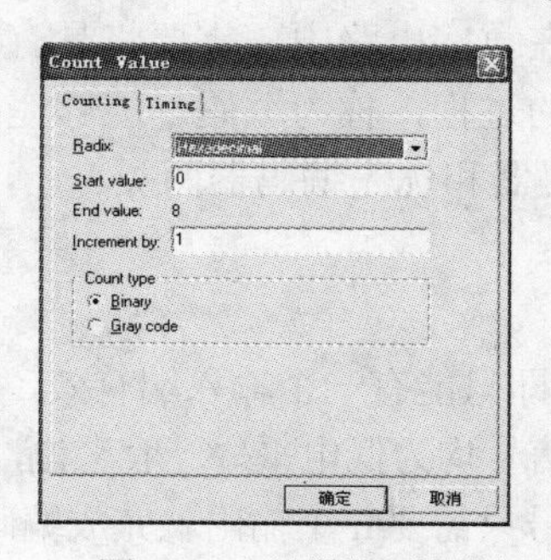

图 4-10　计数器对话框

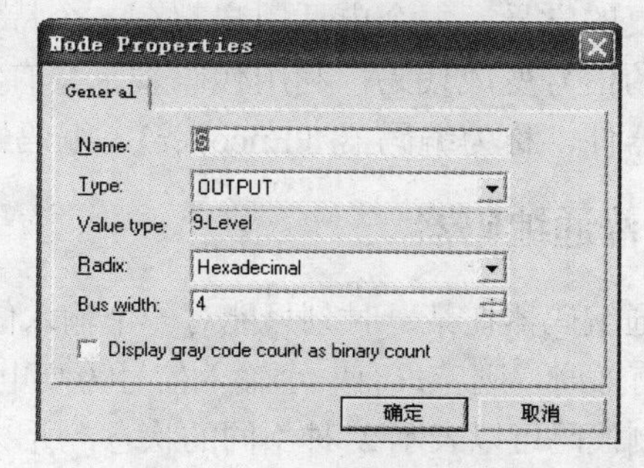

图 4-11　管脚参数对话框

单击 Radix 右侧的下拉按钮，从中选择 Hexadecimal（十六进制），单击“确定”按钮。

（6）单击 Processing→Start Simulation 选项，启动仿真器。使用调整焦距工具调整波形坐标间距，仿真结果如图 4-12 所示。

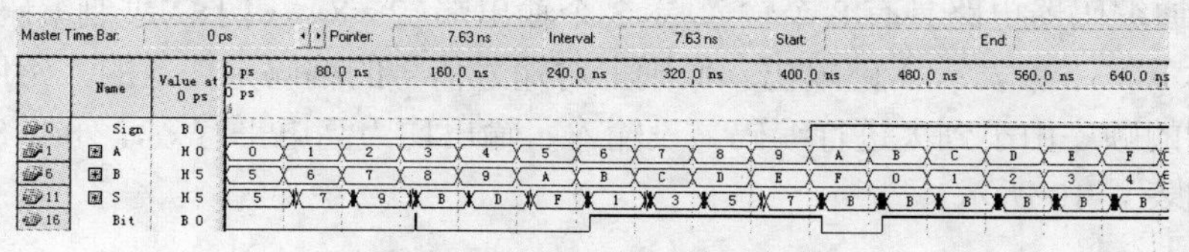

图 4-12　四位加/减法器仿真波形

6．编程

（1）单击 Assignments→Assignments Editor 选项，出现配置编辑器窗口，单击 Category 输入框右侧的下拉按钮，从中选择 Pin 选项，根据使用实验箱的具体情况锁定管脚。

☞注意：

多位管脚需要按位锁定，例如管脚 A 需要分别锁定 A[3]、A[2]、A[1]、A[0]，不要锁定 A。管脚 B、S 与 A 的处理相同。

（2）再次编译成功后，就可以将锁定的管脚信息加入到设计文件中。

（3）使用电缆将计算机和实验箱连接，接通实验箱电源。单击 Tools→Programmer 选项，在编程窗口中进行硬件配置，可选择 LPT1 接口输出的 ByteBlasterMV or ByteBlasterⅡ硬件类型，编程方式选中 JTAG 编程方式。

（4）在编程窗口中，单击选中 DADD.sof 文件，再单击“Start”按钮，即可开始对芯片编程。

7．电路测试

（1）加法运算。设置 Sign 信号为 0，输入信号 A（例如 1001）和 B（例如 0101），输出信号 S 应该为 1110、输出信号 Bit 应该为 0（表示没有进位）；改变 A 和 B，再观察输出信号 S 和 Bit。

（2）减法运算。设置 Sign 信号为 1，输入信号 A（例如 0011）和 B（例如 0100），输出信号 S 应该为 1111、输出信号 Bit 应该为 0（表示借位）；改变 A 和 B，再观察输出信号 S 和 Bit。

4.3 编码器的设计

在一些场合，需要用特定的符号或数码表示特定的对象，例如一个班级中的每个同学都有不重复的学号，每个电话用户都有一个特定的号码等。在数字电路中，需要将具有某种特定含义的信号变成代码，利用代码表示具有特定含义对象的过程，称为编码。能够完成编码功能的器件，称为编码器（Encoder）。编码器分为普通编码器和优先编码器两类。

4.3.1 普通编码器

普通编码器在某一时刻只能对一个输入信号进行编码，即只能有一个输入端有效，当信号高电平有效时，则应只有一个输入信号为高电平，其余输入信号均为低电平。一般来说，由于n位二进制代码可以表示2^n种不同的状态，所以，2^n个输入信号只需要n个输出就完成编码工作。

1．题目要求

利用 Quartus II 软件的文本输入方式，设计一个 8-3 线普通编码器，完成编译和波形仿真后，下载到实验平台验证电路功能。

2．电路设计

8-3 线普通编码器电路具有 8 个输入端，3 个输出端（2^3=8），属于二进制编码器。用 X_7~X_0 表示 8 路输入，Y_2~Y_0 表示 3 路输出。原则上对输入信号的编码是任意的，常用的编码方式是按照二进制的顺序由小到大进行编码。设输入、输出均为高电平有效，列出 8-3 线编码器的真值表，如表 4-10 所示。

表 4-10 8-3 线普通编码器真值表

输入变量								输出变量		
X_7	X_6	X_5	X_4	X_3	X_2	X_1	X_0	Y_2	Y_1	Y_0
0	0	0	0	0	0	0	1	0	0	0
0	0	0	0	0	0	1	0	0	0	1
0	0	0	0	0	1	0	0	0	1	0
0	0	0	0	1	0	0	0	0	1	1
0	0	0	1	0	0	0	0	1	0	0
0	0	1	0	0	0	0	0	1	0	1
0	1	0	0	0	0	0	0	1	1	0
1	0	0	0	0	0	0	0	1	1	1

3．建立项目

（1）在计算机的 F 盘，建立文件夹 F:\ EXAM431 作为项目文件夹，项目名为 ENCODE、顶层设计文件名也为 ENCODE。

（2）启动 Quartus II，单击“Create a New Project”按钮打开新项目建立向导，在新项目建立向导对话框中分别输入项目文件夹、项目名和顶层设计文件名。

（3）由于采用文本输入方式，在添加文件对话框的 File name 中输入 ENCODE.vhd，然后单击“Add”按钮，添加该文件。

（4）在器件设置对话框中选择 ACEX1K 系列的 EP1K30TC144-1 芯片；在 EDA 工具设置对话框中选择 None，使用 Quartus II 自带的工具。

（5）单击“Finish”按钮，关闭新项目建立向导。

☞注意：

软件的标题栏必须变为 F:/ EXAM431/ENCODE-ENCODE。

4．编辑与编译

（1）编辑。单击 File→New 对话框，在 Design Files 下选中 VHDL File 选项，单击“OK”按钮，在打开的文本文件编辑窗口内，输入以下程序：

```
LIBRARY ieee;
 USE ieee.std_logic_1164.ALL;
ENTITY ENCODE IS
 PORT(X : IN std_logic_VECTOR(7 DOWNTO 0);
      Y : OUT    std_logic_VECTOR(2 DOWNTO 0));
END ENCODE;
ARCHITECTURE A OF ENCODE IS
 BEGIN
  PROCESS(X)
   BEGIN
    CASE X is
     WHEN "00000001" => Y <="000";
     WHEN "00000010" => Y <="001";
     WHEN "00000100" => Y <="010";
     WHEN "00001000" => Y <="011";
     WHEN "00010000" => Y <="100";
     WHEN "00100000" => Y <="101";
     WHEN "01000000" => Y <="110";
     WHEN "10000000" => Y <="111";
     WHEN    OTHERS    => Y<="ZZZ";         --Z 为高阻状态
    END CASE;
  END PROCESS;
END A;
```

☞注意：

程序中的标点符号不能使用中文。

（2）输入完成后，单击 File→Save As 选项，将文件保存在已建立的文件夹 F:\ EXAM431 下，文件名为 ENCODE，文件保存类型选择为 VHDL File。

（3）单击 Processing→Start Compilation 选项，启动全程编译。如果设计中存在错误，可以根据 Massage-Compiler 窗口所提供的信息进行修改，重新编译，直到没有错误为止。

5．波形仿真

（1）建立波形输入文件，设定仿真时间和周期后，将波形文件以默认名 ENCODE 存入文件夹 F:\ EXAM431 文件夹下。

（2）加入元件管脚，调整波形坐标间距后编辑波形。

（3）单击 Processing→Start Simulation 选项，启动仿真器。使用调整焦距工具调整波形坐标间距，仿真结果如图 4-13 所示。

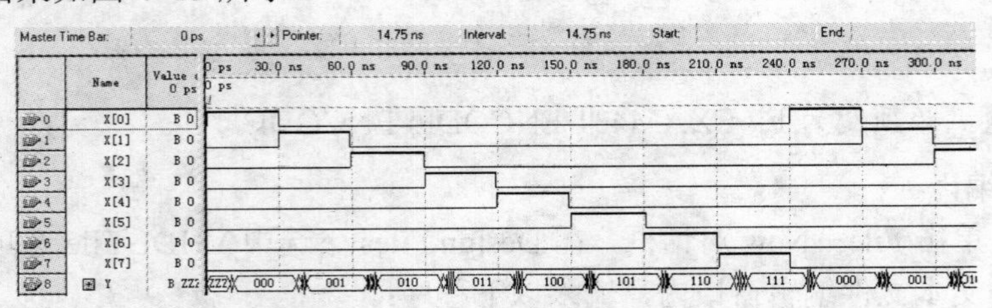

图 4-13　8-3 线普通编码器仿真波形

6．编程

（1）根据使用实验箱的具体情况锁定管脚，再次编译。

（2）编译成功后，使用电缆将计算机和实验箱连接，接通实验箱电源。

（3）单击 Tools→Programmer 选项，在编程窗口中进行硬件配置。

（4）在编程窗口中，单击选中 ENCODE.sof 文件，单击“Start”按钮，完成对芯片编程。

7．电路测试

按下与 X_7 锁定的按键，输出信号应该为 111；抬起与 X_7 锁定的按键，按下与 X_3 锁定的按键，输出信号应该为 011；抬起与 X_3 锁定的按键，按下与其他信号端锁定的按键，观察输出信号。

4.3.2　优先编码器

普通编码器工作时若同时出现两个以上的有效输入信号，则会造成电路工作的混乱，为此设计了优先编码器。优先编码器允许多个有效输入信号同时存在，但根据事先设定的优先级别不同，编码器只输入信号中优先级别最高的编码请求，而不响应其他的输入信号。

1．题目要求

利用 Quartus II 软件的文本输入方式，设计一个 8421-BCD 优先编码器，设大数优先级别高，完成编译和波形仿真后，下载到实验平台验证电路功能。

2．电路设计

8421-BCD 优先编码器具有 10 个输入端，分别代表十进制数 9~0，用 X_9~X_0 表示；具有 4 个输出端，代表对应输入的 8421 码，用 Y_3~Y_0 表示。根据题意输入十进制数越大，其优先级别越高。设输入、输出均为高电平有效，该优先编码器真值表如表 4-11 所示（表中×表示任意状态）。

表 4-11　8421-BCD 优先编码器真值表

输入变量										输出变量			
X_9	X_8	X_7	X_6	X_5	X_4	X_3	X_2	X_1	X_0	Y_3	Y_2	Y_1	Y_0
0	0	0	0	0	0	0	0	0	1	0	0	0	0
0	0	0	0	0	0	0	0	1	×	0	0	0	1
0	0	0	0	0	0	0	1	×	×	0	0	1	0
0	0	0	0	0	0	1	×	×	×	0	0	1	1
0	0	0	0	0	1	×	×	×	×	0	1	0	0
0	0	0	0	1	×	×	×	×	×	0	1	0	1
0	0	0	1	×	×	×	×	×	×	0	1	1	0
0	0	1	×	×	×	×	×	×	×	0	1	1	1
0	1	×	×	×	×	×	×	×	×	1	0	0	0
1	×	×	×	×	×	×	×	×	×	1	0	0	1

3．建立项目

（1）在计算机的F盘，建立文件夹F:\ EXAM432作为项目文件夹，项目名为PENCODE、顶层设计文件名也为PENCODE。

（2）启动QuartusⅡ，在添加文件对话框的File name中输入PENCODE.vhd，然后单击“Add”按钮，添加该文件。

（3）设置完成后，单击“Finish”按钮，关闭新项目建立向导。

☞注意：

软件的标题栏必须变为F:/EXAM432/PENCODE-PENCODE。

4．编辑与编译

（1）编辑。单击File→New对话框，在Design Files下选中VHDL File选项，单击“OK”按钮。在文本编辑区输入以下程序：

```
LIBRARY ieee;
 USE ieee.std_logic_1164.ALL;
ENTITY PENCODE IS
 PORT(X : IN std_logic_VECTOR(9 DOWNTO 0);
      Y : OUT   std_logic_VECTOR(3 DOWNTO 0));
END PENCODE;
ARCHITECTURE A OF PENCODE IS
 BEGIN
  PROCESS(X)
   BEGIN
    IF X(9)='1'  THEN       Y<="1001";
     ELSIF X(8)='1' THEN   Y<="1000";
     ELSIF X(7)='1' THEN   Y<="0111";
     ELSIF X(6)='1' THEN   Y<="0110";
     ELSIF X(5)='1' THEN   Y<="0101";
     ELSIF X(4)='1' THEN   Y<="0100";
     ELSIF X(3)='1' THEN   Y<="0011";
     ELSIF X(2)='1' THEN   Y<="0010";
     ELSIF X(1)='1' THEN   Y<="0001";
     ELSIF X(0)='1' THEN   Y<="0000";
     ELSE   Y<="ZZZZ";      --Z为高阻状态
    END IF;
  END PROCESS;
END A;
```

（2）输入完成后，单击File→Save As选项，将文件保存在已建立的文件夹F:\ EXAM432下，文件名为PENCODE，文件保存类型选择为VHDL File。

（3）单击Processing→Start Compilation选项，启动全程编译。如果设计中存在错误，可以根据Massage-Compiler窗口所提供的信息进行修改，重新编译，直到没有错误为止。

5．波形仿真

（1）建立波形输入文件，设定仿真时间和周期后，将波形文件以默认名PENCODE存入文件夹 F:\ EXAM432 文件夹下。

（2）加入元件管脚，调整波形坐标间距后编辑波形。

（3）单击 Processing→Start Simulation 选项，启动仿真器。使用调整焦距工具调整波形坐标间距，仿真结果如图 4-14 所示。

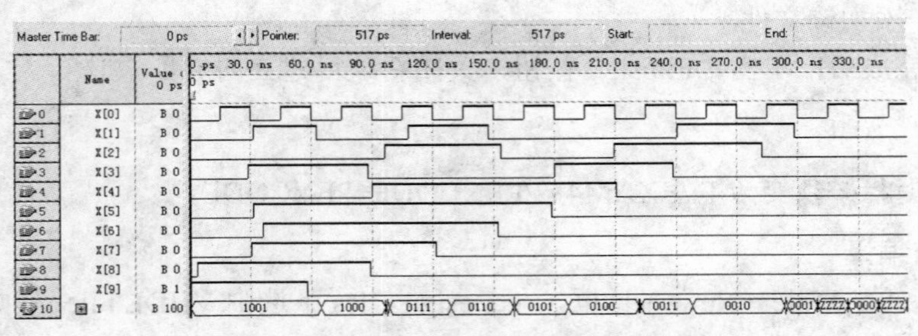

图 4-14　8421-BCD 优先编码器仿真波形

6．编程

（1）根据使用实验箱的具体情况锁定管脚，再次编译。

（2）编译成功后，使用电缆将计算机和实验箱连接，接通实验箱电源。

（3）单击 Tools→Programmer 选项，在编程窗口中进行硬件配置。

（4）在编程窗口中，单击选中 PENCODE.sof 文件，单击“Start”按钮，完成对芯片编程。

7．电路测试

按下与 X_7 锁定的按键，输出信号应该为 0111；按下与 X_3 锁定的按键，如果没有抬起与 X_7 锁定的按键，输出信号应该仍为 0111，抬起与 X_7 锁定的按键后才能输出 0011；同样操作与其他信号端锁定的按键，观察输出信号。

4.4　计数器的设计

计数器的逻辑功能就是记忆时钟脉冲的个数，是数字系统中常用的一种具有记忆功能的电路，可用来实现系统中的计数、分频和定时等功能。

4.4.1　基本二进制递增计数器

1．题目要求

利用 Quartus II 软件的文本输入方式，设计一个八位基本二进制递增计数器，完成编译和波形仿真后，下载到实验平台验证电路功能。

2．电路设计

八位基本二进制递增计数器没有控制端，系统通电就开始计数，只能实现单一递增计数或递减计数的功能。设 CLK 为时钟输入端、Q 为计数输出端。

3．建立项目

（1）在计算机的 F 盘，建立文件夹 F:\ EXAM441 作为项目文件夹，项目名为 BCOUNT、顶层设计文件名也为 BCOUNT。

（2）启动 Quartus II，在添加文件对话框的 File name 中输入 BCOUNT.vhd，然后单击“Add”按钮，添加该文件。

（3）设置完成后，单击“Finish”按钮，关闭新项目建立向导。

☞注意：

软件的标题栏必须变为 F:/EXAM441/BCOUNT-BCOUNT。

4．编辑与编译

（1）编辑。单击 File→New 对话框，在 Design Files 下选中 VHDL File 选项，单击“OK”按钮。在文本编辑区输入以下程序：

```
LIBRARY IEEE;
  USE IEEE.STD_LOGIC_1164.ALL;
  USE IEEE.STD_LOGIC_UNSIGNED.ALL;
ENTITY BCOUNT IS
  PORT (    CLK: IN STD_LOGIC;
            Q: BUFFER STD_LOGIC_VECTOR (7 DOWNTO 0));
END BCOUNT;
ARCHITECTURE a OF BCOUNT IS
  BEGIN
   Process (CLK)
    VARIABLE    QTEMP : STD_LOGIC_VECTOR(7 DOWNTO 0);
    BEGIN
     IF CLK'EVENT AND CLK='1' THEN
        QTEMP:=QTEMP+1;
     END IF;
     Q<=QTEMP;
  END PROCESS;
END a;
```

（2）输入完成后，单击 File→Save As 选项，将文件保存在已建立的文件夹 F:\ EXAM441 下，文件名为 BCOUNT，文件保存类型选择为 VHDL File。

（3）单击 Processing→Start Compilation 选项，启动全程编译。如果设计中存在错误，可以根据 Massage-Compiler 窗口所提供的信息进行修改，重新编译，直到没有错误为止。如果出现 1 个警告信息：Warning: Found pins functioning as undefined clocks and/or memory enables，可以不予处理。

5．波形仿真

（1）建立波形输入文件，设定仿真时间和周期后，将波形文件以默认名 BCOUNT 存入文件夹 F:\ EXAM441 文件夹下。

（2）加入元件管脚，调整波形坐标间距后编辑波形。

（3）单击 Processing→Start Simulation 选项，启动仿真器。使用调整焦距工具调整波形坐标间距，仿真结果如图 4-15 所示。

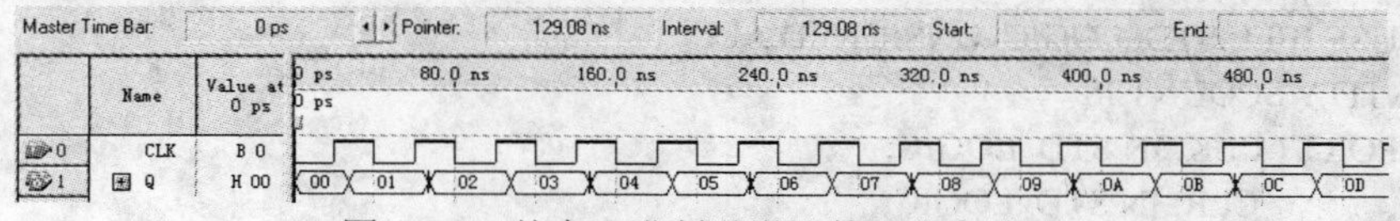

图 4-15　基本二进制递增计数器仿真波形

6．编程

（1）根据使用实验箱的具体情况锁定管脚，再次编译。

（2）编译成功后，使用电缆将计算机和实验箱连接，接通实验箱电源。

（3）单击 Tools→Programmer 选项，在编程窗口中进行硬件配置。

（4）在编程窗口中，单击选中 BCOUNT.sof 文件，单击“Start”按钮，完成对芯片编程。

7．电路测试

在实验箱主板上的“时钟频率选择”区，将时钟设置为 64Hz，VHDL 程序配置到芯片后，8 个 LED 信号灯的亮暗即发生变化，且变化规律按二进制递增的规律进行。当 8 个 LED 灯全亮，计数计到 255，在下一个时钟脉冲上升沿到来时，8 个 LED 灯全暗，回到 0，重新开始下次计数。

4.4.2 同步清零可逆计数器

1．题目要求

利用 QuartusⅡ软件的文本输入方式，设计一个同步清零可逆计数器，完成编译和波形仿真后，下载到实验平台验证电路功能。

2．电路设计

时序逻辑电路的清零方式有同步和异步两种。同步清零是指清零信号有效时，还要等待时钟脉冲的有效沿到来，计数器才回到零状态。异步清零则不用等待时钟有效沿的到来，只要清零信号有效，计数器就会清零。可逆计数是在基本计数器上加一个控制端，用来控制是递增计数还是递减计数。同步清零可逆计数器能实现递增计数、递减计数和同步清零功能。设 CLK 为时钟输入端、D 为计数方式控制端（高电平为递增计数、低电平为递减计数）、CLR 为清零控制端和 Q 为计数输出端。

3．建立项目

（1）在计算机的 F 盘，建立文件夹 F:\ EXAM442 作为项目文件夹，项目名为 SCOUNT、顶层设计文件名也为 SCOUNT。

（2）启动 QuartusⅡ，在添加文件对话框的 File name 中输入 SCOUNT.vhd，然后单击“Add”按钮，添加该文件。

（3）设置完成后，单击“Finish”按钮，关闭新项目建立向导。

☞注意：

软件的标题栏必须变为 F:/EXAM442/SCOUNT-SCOUNT。

4．编辑与编译

（1）编辑。单击 File→New 对话框，在 Design Files 下选中 VHDL File 选项，单击“OK”按钮。在文本编辑区输入以下程序：

```
LIBRARY IEEE;
  USE IEEE.STD_LOGIC_1164.ALL;
  USE IEEE.STD_LOGIC_UNSIGNED.ALL;
ENTITY SCOUNT IS
  PORT ( CLK: IN STD_LOGIC;
         CLR: IN STD_LOGIC;
           D: IN STD_LOGIC;
           Q: BUFFER STD_LOGIC_VECTOR (7 DOWNTO 0));
END SCOUNT;
```

```
ARCHITECTURE a OF SCOUNT IS
  BEGIN
   Process(CLK)
    BEGIN
      IF CLK'EVENT AND CLK='1' THEN
        IF CLR='0' THEN
            Q<="00000000";
        ELSIF D='1' THEN
            Q<=Q+1;
          ELSE
            Q<=Q-1;
         END IF;
      END IF;
  END PROCESS;
END a;
```

（2）输入完成后，单击 File→Save As 选项，将文件保存在已建立的文件夹 F:\ EXAM442 下，文件名为 SCOUNT，文件保存类型选择为 VHDL File。

（3）单击 Processing→Start Compilation 选项，启动全程编译。如果设计中存在错误，可以根据 Massage-Compiler 窗口所提供的信息进行修改，重新编译，直到没有错误为止。

5．波形仿真

（1）建立波形输入文件，设定仿真时间和周期后，将波形文件以默认名 SCOUNT 存入文件夹 F:\ EXAM442 文件夹下。

（2）加入元件管脚，调整波形坐标间距后编辑波形。

（3）单击 Processing→Start Simulation 选项，启动仿真器。使用调整焦距工具调整波形坐标间距，仿真结果如图 4-16 所示。

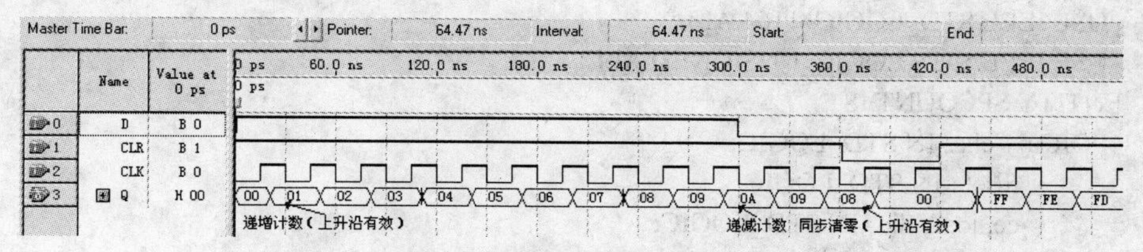

图 4-16　同步清零可逆计数器仿真波形

6．编程

（1）根据使用实验箱的具体情况锁定管脚，再次编译。

（2）编译成功后，使用电缆将计算机和实验箱连接，接通实验箱电源。

（3）单击 Tools→Programmer 选项，在编程窗口中进行硬件配置。

（4）在编程窗口中，单击选中 SCOUNT.sof 文件，单击“Start”按钮，完成对芯片编程。

7．电路测试

在主板上的“时钟频率选择”区，将时钟设置为 4Hz，将与清零信号 CLR 锁定的按键按下，使 CLR=1，再按下与信号 D 锁定的按键，使 D=1（递增计数），输出信号应该按照二进制递增的规律变化；保持 CLR=1 的状态不变，使 D=0（递减计数），输出信号按二进制递减规律变化；任何时刻使 CLR=0，为同步清零状态，在时钟脉冲信号灯闪过后输出为 0。

4.4.3 异步清零同步置数可逆计数器

1．题目要求

利用 QuartusⅡ软件的文本输入方式，设计一个四位异步清零同步置数可逆计数器，完成编译和波形仿真后，下载到实验平台验证电路功能。

2．电路设计

将同步清零可逆计数器变成异步清零，再增加一个同步置数端即可。设 reset 为异步清零端、ce 为计数使能端、load 为同步置数端、dir 为计数方向端（1 表示递增计数、0 表示递减计数）、din 为置数数据输入端、Q 为计数器输出端。

3．建立项目

（1）在计算机的 F 盘，建立文件夹 F:\ EXAM443 作为项目文件夹，项目名为 SPCOUNT、顶层设计文件名也为 SPCOUNT。

（2）启动 QuartusⅡ，在添加文件对话框的 File name 中输入 SPCOUNT.vhd，然后单击“Add”按钮，添加该文件。

（3）设置完成后，单击“Finish”按钮，关闭新项目建立向导。

☞注意：

软件的标题栏必须变为 F:/EXAM443/SPCOUNT-SPCOUNT。

4．编辑与编译

（1）编辑。单击 File→New 对话框，在 Design Files 下选中 VHDL File 选项，单击“OK”按钮。在文本编辑区输入以下程序：

```
LIBRARY IEEE;
 USE IEEE.STD_LOGIC_1164.ALL;
 USE IEEE.STD_LOGIC_UNSIGNED.ALL;
ENTITY SPCOUNT IS
 PORT(    clk : IN STD_LOGIC;
          reset : IN STD_LOGIC;
          ce, load, dir : IN STD_LOGIC;
          din : IN STD_LOGIC_VECTOR (3 DOWNTO 0);
               Q : BUFFER    STD_LOGIC_VECTOR (3 DOWNTO 0));
END SPCOUNT;
ARCHITECTURE A OF SPCOUNT IS
 BEGIN
  PROCESS(clk,reset)
    VARIABLE counter: STD_LOGIC_VECTOR (3 DOWNTO 0);
   BEGIN
    IF reset='1' THEN counter:="0000";          -- reset 高电平有效
     ELSIF clk'EVENT AND clk='1'THEN
      IF load='1'THEN
         counter:=din;
      ELSE
        IF ce='1' THEN
```

```
            IF dir='1' THEN
             IF counter="1111"    THEN
                counter:= "0000";
              ELSE
                counter:=counter+1;
             END IF;
            ELSE
             IF counter="0000" THEN
                counter:= "1111";
             ELSE
                counter:=counter-1;
             END IF;
            END IF;
          END IF;
        END IF;
      END IF;
       Q<=counter;
    END PROCESS;
  END A;
```

（2）输入完成后，单击 File→Save As 选项，将文件保存在已建立的文件夹 F:\ EXAM443 下，文件名为 SPCOUNT，文件保存类型选择为 VHDL File。

（3）单击 Processing→Start Compilation 选项，启动全程编译。如果设计中存在错误，可以根据 Massage-Compiler 窗口所提供的信息进行修改，重新编译，直到没有错误为止。

5．波形仿真

（1）建立波形输入文件，设定仿真时间和周期后，将波形文件以默认名 SPCOUNT 存入文件夹 F:\ EXAM443 文件夹下。

（2）加入元件管脚，调整波形坐标间距后编辑波形。在信号 din 上拖动鼠标，选中一段时间区域，单击鼠标右键，在弹出的下拉菜单中单击 Value→Arbitrary Value，打开如图 4-17 所示的设置任意数值对话框。

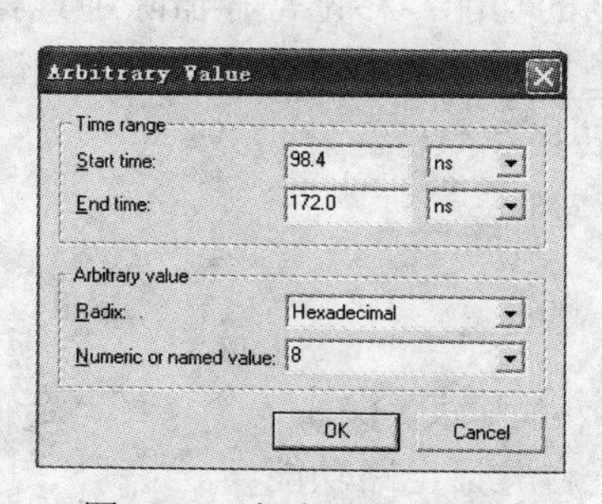

图 4-17　任意数值对话框

单击 Radix 输入框右侧的下拉按钮，从中选择 Hexadecimal（十六进制）；在 Numeric or named value 输入框中输入数值。

（3）单击 Processing→Start Simulation 选项，启动仿真器。使用调整焦距工具调整波形坐标间距，仿真结果如图 4-18 所示。

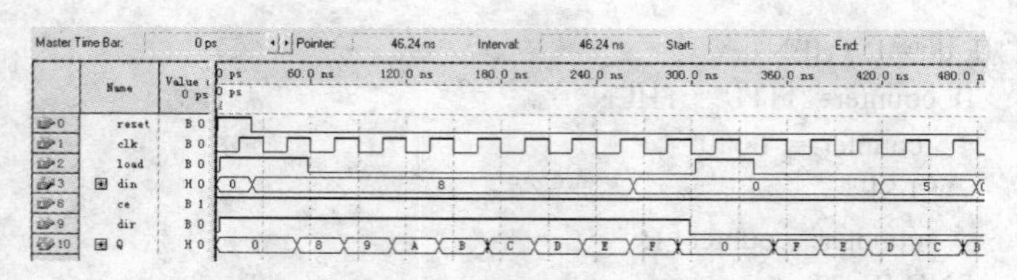

图 4-18　异步清零同步置数可逆计数器仿真波形

6．编程

（1）根据使用实验箱的具体情况锁定管脚，再次编译。

（2）编译成功后，使用电缆将计算机和实验箱连接，接通实验箱电源。

（3）单击 Tools→Programmer 选项，在编程窗口中进行硬件配置。

（4）在编程窗口中，单击选中 SPCOUNT.sof 文件，单击“Start”按钮，完成对芯片编程。

7．电路测试

在主板上的“时钟频率选择”区，将时钟设置为 4Hz，按照图 4-18 操作（×表示任意状态）。操作四位异步清零同步置数可逆计数器如表 4-12 所示。

表 4-12　操作四位异步清零同步置数可逆计数器

输入端					输出端
reset	ce	load	dir	din	Q
1	×	1	×	1000	1000（置数）
1	1	0	1	×	从 1000 开始递增计数
0	×	×	×	×	0000（清零）
1	×	1	×	0101	0101（置数）
1	1	0	1	×	从 0101 开始递减计数

4.5　寄存器的设计

寄存器是具有存储二进制数据功能的数字部件。寄存器分为基本寄存器和移位寄存器两类，基本寄存器只具有寄存数据的功能；移位寄存器除了具有存储二进制数据的功能以外，还具有移位功能。移位功能就是指寄存器里面存储的代码能够在时钟脉冲的作用下依次左移或右移，可以实现数据的串/并转换和数值运算。

4.5.1　基本寄存器

1．题目要求

利用 QuartusⅡ软件的文本输入方式，设计一个具有三态输出的八位数码寄存器，完成编译和波形仿真后，下载到实验平台验证电路功能。

2．电路设计

设 d 为数据输入端、oe 为三态输出控制端（当 oe=1 时寄存器输出为高阻态；oe=0 时为正常输出状态）、q 为输出端。

3．建立项目

（1）在计算机的 F 盘，建立文件夹 F:\ EXAM451 作为项目文件夹，项目名为 regist、顶层设计文件名也为 regist。

（2）启动 QuartusⅡ，在添加文件对话框的 File name 中输入 regist.vhd，然后单击“Add”按钮，添加该文件。

（3）设置完成后，单击“Finish”按钮，关闭新项目建立向导。

☞**注意：**

软件的标题栏必须变为 F:/EXAM451/ regist - regist。

4．编辑与编译

（1）编辑。单击 File→New 对话框，在 Design Files 下选中 VHDL File 选项，单击“OK”按钮。在文本编辑区输入以下程序：

```
LIBRARY ieee;
 USE ieee.std_logic_1164.ALL;
ENTITY regist IS
 PORT(clk,oe : IN std_logic;
         d : IN std_logic_VECTOR(7 DOWNTO 0);
         q : BUFFER std_logic_VECTOR(7 DOWNTO 0));
END regist;
ARCHITECTURE A OF regist IS
 SIGNAL qtemp : std_logic_VECTOR(7 DOWNTO 0);
BEGIN
 PROCESS(clk,oe)
  BEGIN
   IF oe='0' THEN
    IF clk'EVENT AND clk='1' THEN
       qtemp<=d;
    END IF;
   ELSE
    qtemp<="ZZZZZZZZ";
   END IF;
    q<=qtemp;
 END PROCESS;
END A;
```

（2）输入完成后，单击 File→Save As 选项，将文件保存在已建立的文件夹 F:\ EXAM451 下，文件名为 regist，文件保存类型选择为 VHDL File。

（3）单击 Processing→Start Compilation 选项，启动全程编译。如果设计中存在错误，可以根据 Massage-Compiler 窗口所提供的信息进行修改，重新编译，直到没有错误为止。

5．波形仿真

（1）建立波形输入文件，设定仿真时间和周期后，将波形文件以默认名 regist 存入文件夹 F:\ EXAM451 文件夹下。

（2）加入元件管脚，调整波形坐标间距后编辑波形。

（3）单击 Processing→Start Simulation 选项，启动仿真器。使用调整焦距工具调整波形坐标间距，仿真结果如图 4-19 所示。

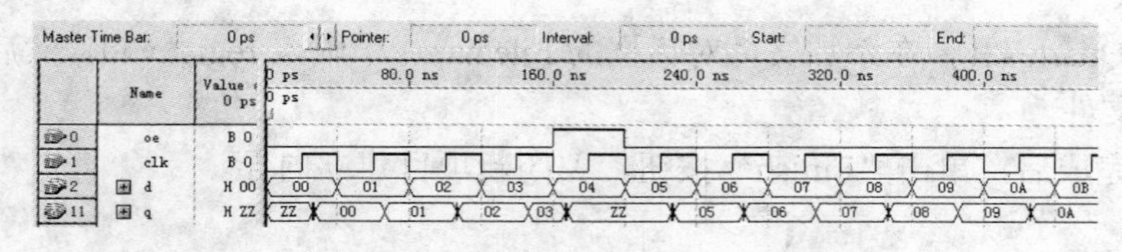

图 4-19　八位基本寄存器仿真波形

6．编程

（1）根据使用实验箱的具体情况锁定管脚，再次编译。

（2）编译成功后，使用电缆将计算机和实验箱连接，接通实验箱电源。

（3）单击 Tools→Programmer 选项，在编程窗口中进行硬件配置。

（4）在编程窗口中，单击选中 regist.sof 文件，单击“Start”按钮，完成对芯片编程。

7．电路测试

在主板上的“时钟频率选择”区，将时钟设置为 8Hz，将与三态输出控制端信号 oe 锁定的按键抬起，使 oe=1，再按下与信号 d 锁定的 8 个按键，输出信号应该与 d 相同；按下与三态输出控制端信号 oe 锁定的按键，输出为高阻状态，改变信号 d，输出仍为高阻状态。

4.5.2　循环移位寄存器

循环移位寄存器分为循环左移和循环右移两种，能够完成数码的逻辑运算。循环左移是数据由低位向高位移动，移出的高位又从低位端移入该寄存器，变成低位；循环右移是数据由高位向低位移动，移出的低位又从高位端移入该寄存器，变成高位。

1．题目要求

利用 Quartus II 软件的文本输入方式，设计一个五位循环左移寄存器，完成编译和波形仿真后，下载到实验平台验证电路功能。

2．电路设计

设时钟输入端为 CLK、并行数据输入端为 DATA、数据加载控制端为 LOAD、移位寄存器输出端为 DOUT。

3．建立项目

（1）在计算机的 F 盘，建立文件夹 F:\ EXAM452 作为项目文件夹，项目名为 SHIFTREG、顶层设计文件名也为 SHIFTREG。

（2）启动 Quartus II，在添加文件对话框的 File name 中输入 SHIFTREG.vhd，然后单击“Add”按钮，添加该文件。

（3）设置完成后，单击“Finish”按钮，关闭新项目建立向导。

☞注意：

软件的标题栏必须变为 F:/EXAM452/SHIFTREG-SHIFTREG。

4．编辑与编译

（1）编辑。单击 File→New 对话框，在 Design Files 下选中 VHDL File 选项，单击“OK”按钮。在文本编辑区输入以下程序：

```
LIBRARY IEEE;
    USE IEEE.STD_LOGIC_1164.ALL;
```

```
    USE IEEE.STD_LOGIC_UNSIGNED.ALL;
  ENTITY SHIFTREG IS
    PORT ( CLK,LOAD : IN STD_LOGIC;
                DATA : IN STD_LOGIC_VECTOR(4 DOWNTO 0);
                DOUT : BUFFER STD_LOGIC_VECTOR(4 DOWNTO 0));
    END SHIFTREG;
  ARCHITECTURE a OF SHIFTREG IS
    SIGNAL DTEMP : STD_LOGIC;
    BEGIN
     Process(CLK)
      BEGIN
        IF CLK'EVENT AND CLK='1' THEN
          IF LOAD='1' THEN DOUT<=DATA;
          ELSE
            DOUT(4 DOWNTO 1)<=DOUT(3 DOWNTO 0);
            DOUT(0)<=DOUT(4);
          END IF;
        END IF;
      END PROCESS;
  END a;
```

（2）输入完成后，单击 File→Save As 选项，将文件保存在已建立的文件夹 F:\ EXAM452 下，文件名为 SHIFTREG，文件保存类型选择为 VHDL File。

（3）单击 Processing→Start Compilation 选项，启动全程编译。如果设计中存在错误，可以根据 Massage-Compiler 窗口所提供的信息进行修改，重新编译，直到没有错误为止。

5．波形仿真

（1）建立波形输入文件，设定仿真时间和周期后，将波形文件以默认名 SHIFTREG 存入文件夹 F:\ EXAM452 文件夹下。

（2）加入元件管脚，调整波形坐标间距后编辑波形。

（3）单击 Processing→Start Simulation 选项，启动仿真器。使用调整焦距工具调整波形坐标间距，仿真结果如图 4-20 所示。

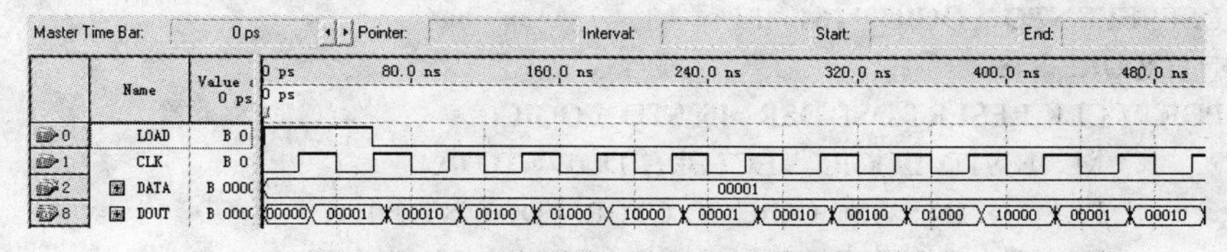

图 4-20　五位循环左移寄存器仿真波形

6．编程

（1）根据使用实验箱的具体情况锁定管脚，再次编译。

（2）编译成功后，使用电缆将计算机和实验箱连接，接通实验箱电源。

（3）单击 Tools→Programmer 选项，在编程窗口中进行硬件配置。

（4）在编程窗口中，单击选中 SHIFTREG.sof 文件，单击“Start”按钮，完成对芯片编程。

7．电路测试

在主板上的“时钟频率选择”区，将时钟设置为 8Hz，按下与信号 LOAD 锁定的按键，输出信号 DOUT 应该与信号 DATA 状态相同，改变 DATA 的状态输出也同样改变；抬起与信号 LOAD 锁定的按键，输出信号 DOUT 开始循环左移。

4.5.3 双向移位寄存器

双向移位寄存器可以在工作模式控制端的控制下，能够通过预置数据输入端输入并行数据，还能通过移位数据输入端输入串行数据，数据能从低位向高位移动，还能从高位移动到低位。

1．题目要求

利用 Quartus II 软件的文本输入方式，设计一个五位双向移位寄存器，完成编译和波形仿真后，下载到实验平台验证电路功能。

2．电路设计

设时钟输入端为 CLK、预置数据输入端为 PRED、工作模式控制端为 M（00 是保持、01 是右移、10 是左移、11 是预置数）、左移数据输入端为 DSL、右移数据输入端为 DSR、寄存器清零端为 RESERT、移位寄存器输出端为 DOUT。

3．建立项目

（1）在计算机的 F 盘，建立文件夹 F:\ EXAM453 作为项目文件夹，项目名为 DREG、顶层设计文件名也为 DREG。

（2）启动 Quartus II，在添加文件对话框的 File name 中输入 DREG.vhd，然后单击“Add”按钮，添加该文件。

（3）设置完成后，单击“Finish”按钮，关闭新项目建立向导。

☞注意：

软件的标题栏必须变为 F:/EXAM453/DREG-DREG。

4．编辑与编译

（1）编辑。单击 File→New 对话框，在 Design Files 下选中 VHDL File 选项，单击“OK”按钮。在文本编辑区输入以下程序：

```
LIBRARY IEEE;
  USE IEEE.STD_LOGIC_1164.ALL;
ENTITY DREG IS
  PORT ( CLK,RESERT,DSL,DSR : IN STD_LOGIC;
         M : IN STD_LOGIC_VECTOR(1 DOWNTO 0);
         PRED   : IN STD_LOGIC_VECTOR(4 DOWNTO 0);
         DOUT   : BUFFER STD_LOGIC_VECTOR(4 DOWNTO 0));
  END DREG;
ARCHITECTURE a OF DREG IS
  BEGIN
   Process(CLK,RESERT)
    BEGIN
     IF CLK'EVENT AND CLK='1' THEN
       IF RESERT='1' THEN
          DOUT<=(OTHERS=>'0');        --相当于 DOUT<="00000"
       ELSE
```

```
            IF M(1)='0' THEN
              IF M(0)='0' THEN
                 NULL;              -- NULL 为空操作，保持
              ELSE
                 DOUT<=DSR & DOUT(4 DOWNTO 1);        --数据右移
              END IF;
            ELSIF M(0)='0' THEN
                 DOUT<=DOUT(3 DOWNTO 0) & DSL;        --数据左移
               ELSE
                 DOUT<=PRED;             --预置数
               END IF;
          END IF;
        END IF;
      END PROCESS;
   END a;
```

（2）输入完成后，单击 File→Save As 选项，将文件保存在已建立的文件夹 F:\ EXAM453 下，文件名为 DREG，文件保存类型选择为 VHDL File。

（3）单击 Processing→Start Compilation 选项，启动全程编译。如果设计中存在错误，可以根据 Massage-Compiler 窗口所提供的信息进行修改，重新编译，直到没有错误为止。

5．波形仿真

（1）建立波形输入文件，设定仿真时间和周期后，将波形文件以默认名 DREG 存入文件夹 F:\ EXAM453 文件夹下。

（2）加入元件管脚，调整波形坐标间距后编辑波形。

（3）单击 Processing→Start Simulation 选项，启动仿真器。使用调整焦距工具调整波形坐标间距，仿真结果如图 4-21 所示。

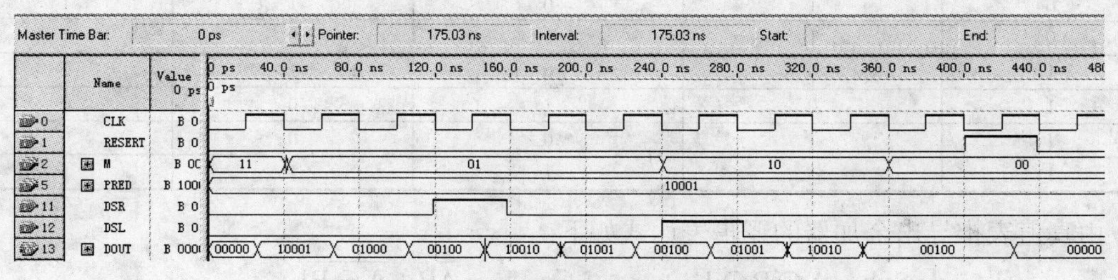

图 4-21　双向移位寄存器仿真波形

6．编程

（1）根据使用实验箱的具体情况锁定管脚，再次编译。

（2）编译成功后，使用电缆将计算机和实验箱连接，接通实验箱电源。

（3）单击 Tools→Programmer 选项，在编程窗口中进行硬件配置。

（4）在编程窗口中，单击选中 DREG.sof 文件，单击“Start”按钮，完成对芯片编程。

7．电路测试

在主板上的“时钟频率选择”区，将时钟设置为 8Hz，按照表 4-13 操作。

表 4-13　操作五位双向移位寄存器

输入端					输出端
RESERT	M	PRED	DSR	DSL	DOUT
1	11	10000	0	0	10000
1	01	×	0	0	循环右移
1	01	×	1	0	从高位输入 1，然后右移
1	00	×	×	×	保持
1	10	×	0	1	从高位输入 1，然后左移
0	×	×	×	×	00000

4.6 实训　数字电路的设计

4.6.1 全减器的设计

1. 题目说明

不仅考虑两个一位二进制数的相减，而且还考虑来自高位借位的运算电路，称为全减器。利用 Quartus II 软件的图形输入方式，设计一位二进制全减器，完成编译和波形仿真后，下载到实验平台验证电路功能。

2. 设计提示

全减器有 3 个输入端、2 个输出端，设全减器的输入端为 A（被减数）、B（减数）、J_i（高位借位）；输出端为 Sub（差）和 J_o（借位）。根据题目要求列出真值表，如表 4-14 所示。

表 4-14　全减器真值表

数据输入端			输出端	
A	B	J_i	Sub	J_o
0	0	0	0	0
0	0	1	1	1
0	1	0	1	1
0	1	1	0	1
1	0	0	1	0
1	0	1	0	0
1	1	0	0	0
1	1	1	1	1

由真值表推导出全加器的逻辑表达式如下：

$$\mathrm{Sub} = A \oplus B \oplus J_i \qquad J_o = \overline{A}B + \overline{A \oplus B}J_i$$

3. 实训报告

（1）画出逻辑电路图。

（2）记录仿真波形。

（3）分析实训结果。

4.6.2 3–8 线译码器的设计

1. 题目说明

译码器是把输入的二进制代码翻译成对应的输出信号，与编码器正好相反。设 3–8 线译码器的输入端为 d_2～d_0，输出端为 y_7～y_0，低电平有效。其真值表如表 4-15 所示。

表 4-15　3-8 线译码器真值表

输入变量			输出变量							
d_2	d_1	d_0	y_7	y_6	y_5	y_4	y_3	y_2	y_1	y_0
0	0	0	1	1	1	1	1	1	1	0
0	0	1	1	1	1	1	1	1	0	1
0	1	0	1	1	1	1	1	0	1	1
0	1	1	1	1	1	1	0	1	1	1
1	0	0	1	1	1	0	1	1	1	1
1	0	1	1	1	0	1	1	1	1	1
1	1	0	1	0	1	1	1	1	1	1
1	1	1	0	1	1	1	1	1	1	1

2．设计提示

3-8 线译码器可用 CASE 语句描述，参考以下程序：

```
LIBRARY IEEE；
  USE IEEE.STD_LOGIC_1164.ALL；
ENTITY decode38 IS
  PORT（g1，g2，g3：IN     STD_LOGIC；
                    d：IN    STD_LOGIC_VECTOR（2 DOWNTO 0）；
                    y：OUT   STD_ LOGIC_VECTOR（7 DOWNTO 0））；
END decode38；
ARCHITECTURE   a   OF decode38 IS
  BEGIN
    PROCESS（d）
      BEGIN
       CASE d IS
          WHEN "000" => y <="11111110"；
          WHEN "001" => y <="11111101"；
          WHEN "010" => y <="11111011"；
          WHEN "011" => y <="11110111"；
          WHEN "100" => y <="11101111"；
          WHEN "101" => y <="11011111"；
          WHEN "110" => y <="10111111"；
          WHEN "111" => y <="01111111"；
          WHEN OTHERS => y <="11111111"；             --其他情况输出全为 1
        END CASE；
    END PROCESS；
END a；
```

3．实训报告

（1）记录仿真波形。

（2）分析实训结果。

4.7 习题

1．建立项目，仿真分析图 4-22 所示电路的逻辑功能。

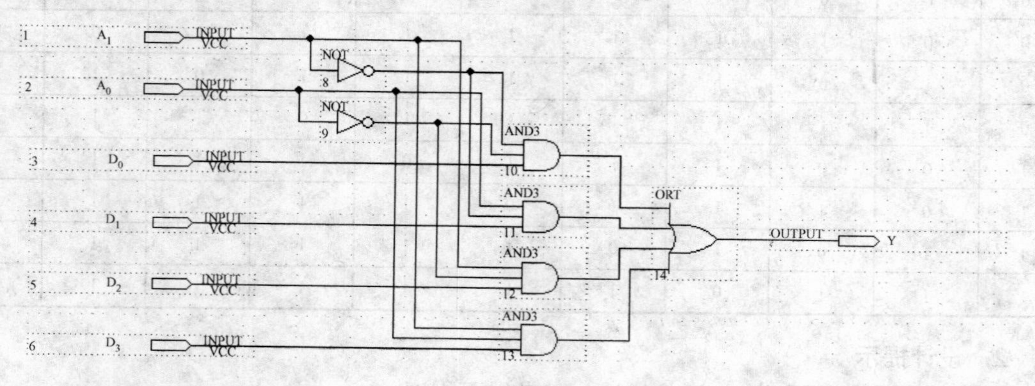

图 4-22　习题 1 电路原理图

2．建立项目，仿真分析图 4-23 所示电路能否实现四进制计数？

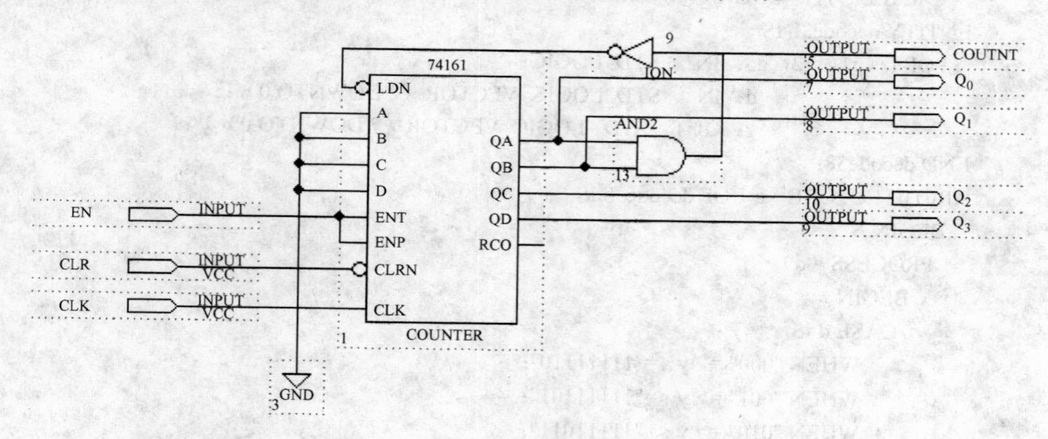

图 4-23　习题 2 电路原理图

3．建立项目，仿真分析 VHDL 程序表达的逻辑功能。

```
LIBRARY IEEE;
   USE IEEE.STD_LOGIC_1164.ALL;
ENTITY demuti IS
       PORT ( Data , S          : IN       STD_LOGIC;
                    Y0, Y1      : OUT    STD_LOGIC);
END demuti;
ARCHITECTURE A OF demuti IS
   BEGIN
      PROCESS(S,Data)
       BEGIN
         IF S='0' THEN
```

```
            Y0<=Data;
            Y1<='0';
        ELSE
            Y1<=Data;
            Y0<='0';
        END IF;
    END PROCESS;
END A;
```

4．设计一个能够比较四位二进制数字信号是否相同的同比较器。

5．设计一个四位二进制半加器。

6．设计一个八位右移寄存器。

第 5 章　典型单元电路的设计与实现

本章要点

- 分频器的设计
- 键盘输入电路的设计
- 数码显示电路的设计
- 存储器的设计

5.1　分频器

分频器就是将一个给定的频率较高的输入信号，经过适当处理，产生一个或多个频率较低的输出信号。在数字系统设计中，常使用分频器将晶振产生的单一频率分解成系统工作频率。分频器可分为偶数分频、奇数分频、半整数分频（例如 7.5 分频、10.2 分频）等。使用计数器能够实现各种形式的偶数分频及非等占空比的奇数分频，但实现等占空比的奇数分频及半整数分频则较为困难。

5.1.1　2^N 分频器

2^N（N 为正整数）分频器是一种特殊的等占空比分频器，利用计数器计算时钟脉冲的个数，二进制计数器的最低位（2^0）就是时钟脉冲的 2 分频（一个时钟脉冲有效沿计为 1，下一个时钟脉冲有效沿计为 0，两个时钟脉冲构成一个周期）、次低位（2^1）就是 4 分频，依此类推，设计非常简单。

1．设计题目

设计一个可输出时钟脉冲 2 分频、4 分频、8 分频和 16 分频信号的分频电路，并使用 QuartusⅡ进行仿真。

2．实体的确定

实体是设计外部电路的输入输出端口。根据设计题目分析，应该有一个时钟脉冲输入端和 4 个分频信号输出端。设时钟脉冲输入端为 CLK，分频信号输出端分别为 DIV2（2 分频）、DIV4（4 分频）、DIV8（8 分频）和 DIV16（16 分频），数据类型都可以使用标准逻辑位类型（STD_LOGIC）。实体名为 DIVF。实体的参考程序如下：

```
ENTITY DIVF IS
  PORT(CLK : IN STD_LOGIC;
       DIV2 , DIV4 , DIV8 , DIV16 : OUT STD_LOGIC);
END ENTITY DIVF;
```

3．结构体的确定

结构体描述设计实体内部结构和实体端口之间的逻辑关系，是实体的一个组成单元。在结构体中设计一个计数器，定义一个 4 位临时信号存储计数值，并需把该定义放在结构体的声明部分。参考程序如下：

```
ARCHITECTURE ART OF DIVF IS
  SIGNAL Q : STD_LOGIC_VECTOR(4 DOWNTO 0);          --定义临时信号 Q
BEGIN
  PROCESS(CLK)
    BEGIN
    IF CLK'EVENT AND CLK='1' THEN                   --判断时钟脉冲的上升沿
      Q<=Q+1;
     END IF;
  END PROCESS;
  DIV2<=Q(0);                                       --输出 2 分频信号
  DIV4<=Q(1);                                       --输出 4 分频信号
  DIV8<=Q(2);                                       --输出 8 分频信号
  DIV16<=Q(3);                                      --输出 16 分频信号
END ARCHITECTURE ART;
```

4．库和程序包的确定

由于实体中定义的信号类型不是 VHDL 默认类型，需要调用 IEEE 库中的 STD_LOGIC_1164 程序包；又由于结构体中使用了运算符“+”，需要调用 IEEE 库中的 STD_LOGIC_UNSIGNED 程序包，因此在实体的前面调用 IEEE 库，并使用这两个程序包。参考程序如下：

```
LIBRARY IEEE;
 USE IEEE.STD_LOGIC_1164.ALL;
 USE IEEE.STD_LOGIC_UNSIGNED.ALL;
```

5．波形仿真

编译成功后，进行仿真分析，2^N（N 为正整数）分频器的仿真结果如图 5-1 所示。

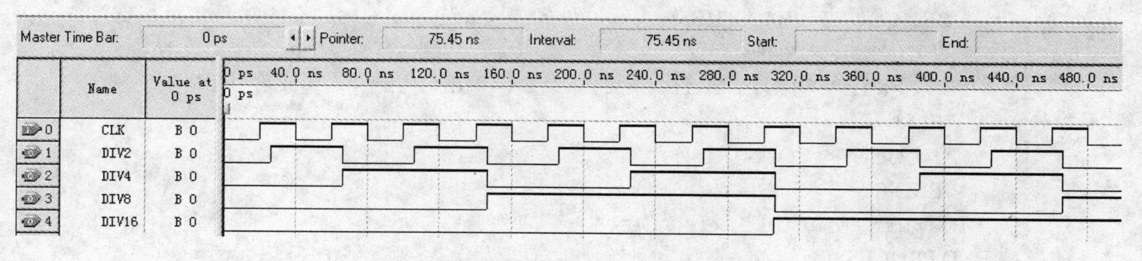

图 5-1　2^N（N 为正整数）分频器仿真波形

5.1.2　偶数分频器

偶数分频器的设计非常简单，通过计数器计数就可以实现。例如，进行 N（N 为偶数）分频，就可以通过待分频的时钟脉冲触发计数器计数，当计数器从 0 计数到（N/2）-1 时，输出信号就进行翻转，形成半个周期，并给计数器清零，以便在下一个时钟脉冲有效沿到来时从零开始计数；当计数器又计到（N/2）-1 时，输出信号再次翻转，形成另半个周期。以此循环，就可以实现任意的偶数分频。

1．设计题目

设计一个等占空比的 6 分频器，并使用 Quartus II 进行仿真。

2．实体的确定

根据题目要求，等占空比的 6 分频器应该有一个时钟脉冲输入端、一个清零端和一个分频信号输出端。设时钟脉冲输入端为 CLK、清零端为 RESET、分频信号输出端为 DIV6，数据类型都可以使用标准逻辑位类型（STD_LOGIC）。实体名为 DIVSIX。实体的参考程序如下：

```
ENTITY DIVSIX IS
  PORT(CLK : IN STD_LOGIC;
         RESET : IN STD_LOGIC;
           DIV6 : OUT STD_LOGIC);
END ENTITY DIVSIX;
```

3．结构体的确定

在结构体中设计一个计数器，由于是 6 分频（N=6），因此（N/2）−1=2，可定义一个信号 COUNT 存储计数值；由于输出方向定义为 OUT 的信号 DIV6 不能出现在赋值语句的右侧，无法描述触发器的计数状态，需要设置一个临时信号 CLKTEP，信号的定义需要放在结构体的声明部分。参考程序如下：

```
ARCHITECTURE ART OF DIVSIX   IS
  SIGNAL    COUNT : STD_LOGIC_VECTOR(1 DOWNTO 0);
  SIGNAL    CLKTEP : STD_LOGIC;
 BEGIN
  PROCESS(RESET,CLK)
   BEGIN
    IF   RESET='1'   THEN                      --异步清零，高电平有效
      CLKTEP<='0';
    ELSIF   RISING_EDGE(CLK) THEN              --判断 CLK 的上升沿
      IF   COUNT="10"   THEN
        COUNT <= "00";                         --计数到（N / 2）−1（N=6）就清零
        CLKTEP <=NOT CLKTEP ;                  --输出信号翻转，形成前半个周期
      ELSE
        COUNT<=COUNT+1;
      END IF;
    END IF;
  END PROCESS;
 DIV6<= CLKTEP;
END ARCHITECTURE ART;
```

4．库和程序包的确定

由于实体中定义的信号类型不是 VHDL 默认类型，需要调用 IEEE 库中的 STD_LOGIC_1164 程序包；由于结构体中使用了运算符“+”，调用 IEEE 库中的 STD_LOGIC_UNSIGNED 程序包，因此需要在实体的前面调用 IEEE 库，并使用程序包。参考程序如下：

```
LIBRARY IEEE;
```

```
USE IEEE.STD_LOGIC_1164.ALL;
USE IEEE.STD_LOGIC_UNSIGNED.ALL;
```

5．波形仿真

编辑的程序文件通过编译后，可以进行波形仿真。仿真结果如图 5-2 所示。

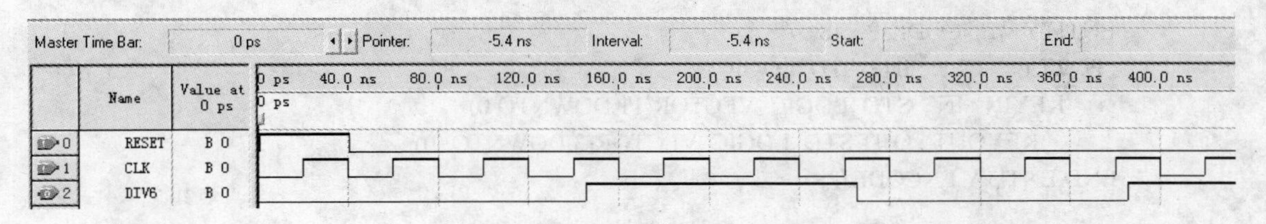

图 5-2　六分频器仿真波形

5.2　按键输入电路

按键是最常见的人机交互接口部件。电子产品所需要的键盘按键个数非常有限，通常为几个到十几个不等，需要单独设计成专用的小键盘，常用的有编码键盘、扫描键盘和虚拟键盘等。

5.2.1　编码键盘

在数字电路中，可以利用编码器实现按键键值的直接编码。将每个按键的输出信号对应连接到编码器的每个输入端，通过编码逻辑就可以在编码器的输出端得到对应每个按键的码值，称这种键盘为编码键盘。但是当按键较多时，编码键盘会由于按键和连线较多，导致成本高；另外直接编码的方法也不够灵活，一旦编码逻辑固定就难以更改了。

1．设计题目

设计一个 12-4 线的编码键盘，按键为弹起式，已经过“去抖动”处理。编码键盘电路如图 5-3 所示。

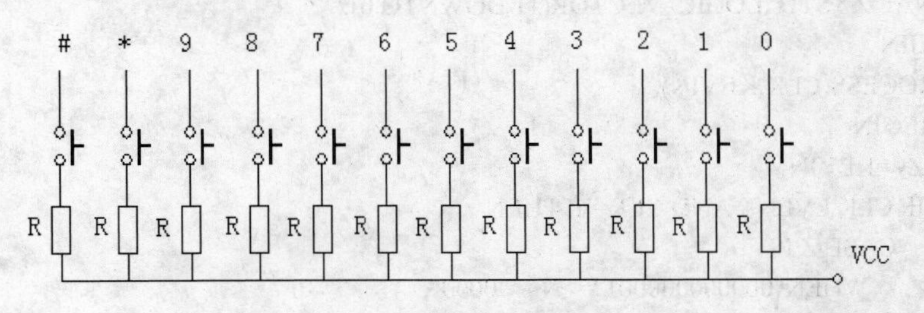

图 5-3　编码键盘电路

“抖动”是指弹起式按键存在机械触动的弹性作用，一个按键在按下时不会马上稳定地接通，在抬起时也不会稳定地断开，均伴随有一连串的接触、断开、再接触的弹跳现象。抖动时间长短由按键的机械特性决定，一般为 5～10ms。去除抖动可以使用基本 RS 触发器（每个按键接一个基本 RS 触发器），按键较多时，可通过检查按键按下或抬起的时间进行消抖。

2．实体的确定

12-4 线的编码键盘应该有一个时钟脉冲输入端、一个 12 位的按键输入端和一个 4 位的按键输出端。设时钟脉冲输入端为 CLK、按键输入端为 KEYIN、按键输出端为 KEYOUT。实体名为 ENCODEJP。实体的参考程序如下：

```
ENTITY   ENCODEJP   IS
 PORT (     CLK : IN   STD_LOGIC;
    KEYIN : IN   STD_LOGIC_VECTOR(11 DOWNTO 0);
      KEYOUT : OUT STD_LOGIC_VECTOR(3 DOWNTO 0));
END ENTITY ENCODEJP;
```

3．结构体的确定

设按键按下时，输入为高电平；没有任何按键按下时，键盘输出编码为“1111”。键盘编码信息如表 5-1 所示。

表 5-1　键盘编码信息

键盘输入信息	输 出 编 码	对 应 键 号	键盘输入信息	输 出 编 码	对 应 键 号
000000000001	0000	0	000001000000	0110	6
000000000010	0001	1	000010000000	0111	7
000000000100	0010	2	000100000000	1000	8
000000001000	0011	3	001000000000	1001	9
000000010000	0100	4	010000000000	1010	*
000000100000	0101	5	100000000000	1011	#

定义两个临时信号 N 和 Z，其中 N 代表按键输出端 KEYOUT、Z 代表按键输入端 KEYIN。使用 CASE 语句描述表 5-1，参考程序如下：

```
ARCHITECTURE   ART   OF   ENCODEJP   IS
 SIGNAL N : STD_LOGIC_VECTOR(3 DOWNTO 0);
SIGNAL Z : STD_LOGIC_VECTOR(11 DOWNTO 0);
 BEGIN
  PROCESS(CLK,KEYIN)
   BEGIN
    Z<=KEYIN;
    IF CLK'EVENT AND CLK='1' THEN
      CASE Z IS
        WHEN"000000000001"=>N<="0000";        --0
        WHEN"000000000010"=>N<="0001";        --1
        WHEN"000000000100"=>N<="0010";        --2
        WHEN"000000001000"=>N<="0011";        --3
        WHEN"000000010000"=>N<="0100";        --4
        WHEN"000000100000"=>N<="0101";        --5
        WHEN"000001000000"=>N<="0110";        --6
        WHEN"000010000000"=>N<="0111";        --7
        WHEN"000100000000"=>N<="1000";        --8
```

```
            WHEN"001000000000"=>N<="1001";          --9
            WHEN"010000000000"=>N<="1010";          --*
            WHEN"100000000000"=>N<="1011";          --#
            WHEN OTHERS =>N<="1111";
         END CASE;
      END IF;
   END PROCESS;
    KEYOUT<=N;
END ARCHITECTURE ART;
```

4．库和程序包的确定

由于实体中定义的信号类型不是 VHDL 默认类型，需要调用 IEEE 库中的 STD_LOGIC_1164 程序包。参考程序如下：

```
LIBRARY IEEE;                          --调用 IEEE 库
 USE IEEE.STD_LOGIC_1164.ALL;          --打开程序包
```

5．波形仿真

编辑的程序文件通过编译后，可以进行波形仿真。仿真结果如图 5-4 所示。

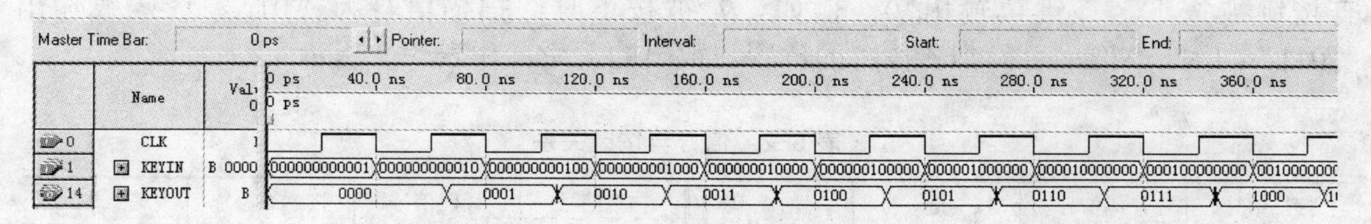

图 5-4　编码键盘仿真波形

5.2.2　扫描键盘

扫描键盘也称为矩阵式键盘，将按键连接成矩阵，每个按键就是一个位于水平扫描线和垂直译码线交点上的开关，再通过一个键盘输入译码电路，将键盘扫描线和垂直输出译码线信号的不同组合编码转化成一个特定的信号值或编码。扫描键盘的优点是当需要的按键数量较多时，可以节省 I/O 接口线，只需要 M 条行线和 N 条列线就可以组成 M×N 个按键的扫描键盘；缺点是编程相对复杂。

1．设计题目

设计一个 4×3 扫描键盘，按键为弹起式，已经过“去抖动”处理。4×3 扫描键盘电路如图 5-5 所示。要求数字键（0～9）和功能键（#、*）分别输出，并产生相应标志。

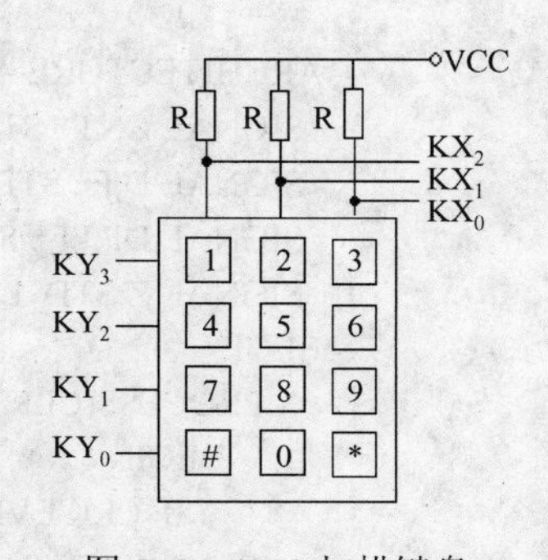

图 5-5　4×3 扫描键盘

2．实体的确定

根据题意，4×3 扫描键盘应该有一个时钟脉冲输入端、一个 3 位的译码线输入端（接 KX_0～KX_2）；1 个 4 位的扫描线输出端（接 KY_0～KY_3）、两个 3 位的按键输出端、两个按键标志输出端。设时钟脉冲输入端为 CLK、按键输入端 KEYIN；数字按键输出端为 DATAOUT、功能按键输出端为 FUNOUT、数字按键输出标志为 DFLAG、功能按键输出标志为 FFLAG。实体名为 SCANJP。实体的参考程序如下：

```
ENTITY   SCANJP   IS
  PORT ( CLK   :   IN STD_LOGIC;
       KEYIN : IN STD_LOGIC_VECTOR(2 DOWNTO 0);                    --译码线输入端
       SCAN : OUT STD_LOGIC_VECTOR(3 DOWNTO 0);                    --扫描线输出端
       DATAOUT : OUT STD_LOGIC_VECTOR(3 DOWNTO 0);                 --数字按键输出
       FUNOUT   : OUT STD_LOGIC_VECTOR(3 DOWNTO 0);                --功能按键输出
       DFLAG :   OUT STD_LOGIC;                                    --数字输出标志
       FFLAG :   OUT STD_LOGIC);                                   --功能输出标志
END ENTITY SCANJP;
```

3．结构体的确定

利用条件赋值语句将两位计数信号 CNT 变成 4 位信号 SCAN，SCAN 通过扫描线 KY_0～KY_3 进入键盘，按照 1110→1101→1011→0111→1110 的顺序周期性变化，每次扫描一行（低电平有效）。假设现在的扫描信号为 1011，代表正在扫描 7、8、9 这行的按键，如果这行当中没有按键被按下，则由译码线 KX_2～KX_0 输出的译码信号 KEYIN 值为 111；如果有按键被按下，该键位输出 0。例如，7 被按下时，扫描信号为“01”、译码线输出“011”。依此类推，可得到各按键的位置与数码的关系，如表 5-2 所示。

表 5-2　信号与按键关系

扫描信号	译码信号	按键号	编码	扫描信号	译码信号	按键号	编码
00	011	#	1110	10	011	4	0100
00	101	0	0000	10	101	5	0101
00	110	*	1101	10	110	6	0110
01	011	7	0111	11	011	1	0001
01	101	8	1000	11	101	2	0010
01	110	9	1001	11	110	3	0011

将扫描信号和译码信号连接，定义 5 个临时信号，分别代表数字按键输出端、功能按键输出端、数字按键输出标志、功能按键输出标志和连接后的扫描译码信号。使用 CASE 语句描述表 5-2，没有按键被按下时，输出 1111。参考程序如下：

```
ARCHITECTURE ART OF SCANJP IS
 SIGNAL CNT : STD_LOGIC_VECTOR(1 DOWNTO 0);
 SIGNAL D,F : STD_LOGIC_VECTOR(3 DOWNTO 0);          --数字、功能按键译码值寄存器
 SIGNAL DF,FF : STD_LOGIC;                            --数字、功能按键标志值
 SIGNAL Z:STD_LOGIC_VECTOR(4 DOWNTO 0);              --扫描得到的键码
BEGIN
   PROCESS(CLK)                                       --产生扫描信号 CNT
     BEGIN
       IF CLK'EVENT AND CLK='1' THEN
         IF CNT="11" THEN
```

```
            CNT<="00";
          ELSE
            CNT<=CNT+'1';
          END IF;
        END IF;
    END PROCESS;
     SCAN<="1110" WHEN CNT="00"    ELSE
        "1101" WHEN CNT="01"    ELSE
        "1011" WHEN CNT="10"    ELSE
        "0111" WHEN CNT="11"    ELSE
        "1111";
PROCESS(CLK, CNT,KEYIN)
 BEGIN
   Z<=CNT & KEYIN;                                --连接扫描信号和译码信号
--数字按键译码
  IF CLK'EVENT AND CLK='1' THEN
     CASE Z IS
       WHEN "00101"=>D<="0000";                    --0
       WHEN "11011"=>D<="0001";                    --1
       WHEN "11101"=>D<="0010";                    --2
       WHEN "11110"=>D<="0011";                    --3
       WHEN "10011"=>D<="0100";                    --4
       WHEN "10101"=>D<="0101";                    --5
       WHEN "10110"=>D<="0110";                    --6
       WHEN "01011"=>D<="0111";                    --7
       WHEN "01101"=>D<="1000";                    --8
       WHEN "01110"=>D<="1001";                    --9
       WHEN OTHERS =>D<="1111";
     END CASE;
  END IF;
  --功能按键译码
  IF CLK'EVENT AND CLK='1' THEN
     CASE Z IS
      WHEN "00011"=>F<="0100";                      --功能键#
      WHEN "00110"=>F<="0001";                      --功能键*
      WHEN OTHERS =>F<="1111";
     END CASE;
  END IF;
 END PROCESS;
--产生数字标志 DF 及功能标志 FF
DF<=NOT(D(3) AND D(2) AND D(1) AND D(0));
FF<=NOT(F(1) OR F(0));
--连接管脚
DATAOUT<=D;
FUNOUT<=F;
DFLAG<=DF;
```

```
    FFLAG<=FF;
END ARCHITECTURE ART;
```

4．库和程序包的确定

参考程序如下：

```
LIBRARY IEEE;
    USE IEEE.STD_LOGIC_1164.ALL;
    USE IEEE.STD_LOGIC_UNSIGNED.ALL;
```

5．波形仿真

编辑的程序文件通过编译后，可以进行波形仿真。仿真结果如图 5-6 所示。

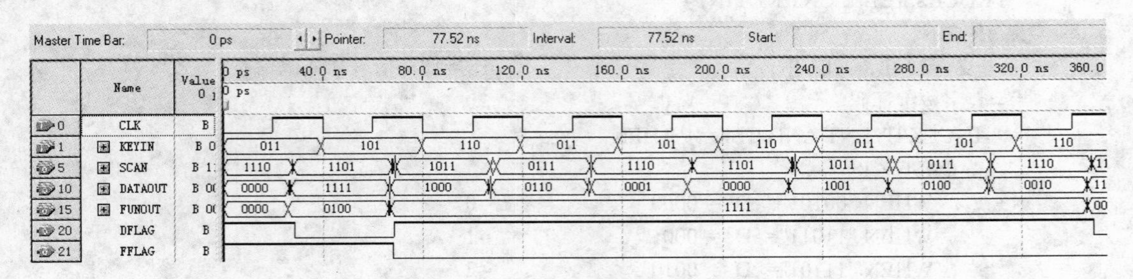

图 5-6　4×3 扫描键盘仿真波形

5.2.3　虚拟键盘

虚拟键盘需要一个由系统内部时钟信号产生的周期性变化的编码信号，还需要一个输入信号确认键，当看到显示的数字是要向系统输入的数码时，按下输入信号确认键，编码信号就不再变化，将当前显示的数码输入到系统；然后抬起输入信号确认键，编码信号再次周期性变化。虚拟键盘不需要外接键盘电路，对输入信息的编码灵活方便，常用于调试硬件系统。

1．设计题目

设计一个能够输入十进制数码 0～9 的虚拟键盘。

2．实体的确定

根据题意要求，虚拟键盘应该有一个时钟脉冲输入端、一个数码确认键和一个十进制数值的显示输出端。设 CLK 为时钟脉冲输入端、SET 为数码确认键，数据类型使用标准逻辑位类型（STD_LOGIC）；VALUE 为十进制数值的显示输出端，数据类型使用整数类型（INTEGER），由于整数类型的数据范围太大，为减小硬件资源消耗，使用函数 RANGE 限制 VALUE 的取值范围。实体名为 XNJP，实体参考程序如下：

```
ENTITY XNJP IS
  PORT(CLK     :  IN STD_LOGIC;
         SET      :  IN STD_LOGIC;          --输入数码确认键，低电平有效
         VALUE   :  OUT   INTEGER   RANGE    0 TO 9 );
END XNJP;
```

3．结构体的确定

设置一个临时信号 CNT 作为从 0～9 周期性变化的计数值；再设置一个临时信号 TEMP，当按下数码确认键 SET 时，将 CNT 的当前值赋值给 TEMP，再根据 TEMP 的数值给输出 VALUE 编码。参考程序如下：

```
ARCHITECTURE ART OF XNJP IS
  SIGNAL   CNT , TEMP   :   STD_LOGIC_VECTOR(3 DOWNTO 0);
  BEGIN
   PROCESS(CLK)
    BEGIN
     IF CLK'EVENT AND CLK='1' THEN
       IF CNT="1001" THEN                    --0～9 周期性变化的信号
          CNT<="0000";
       ELSE
          CNT<=CNT+1;
       END IF;
     END IF;
   END PROCESS;
   PROCESS(CNT,SET)
    BEGIN
     IF SET='1' THEN
        TEMP <= CNT;
        CASE TEMP IS
           WHEN "0000"=>VALUE<=0;
           WHEN "0001"=>VALUE<=1;
           WHEN "0010"=>VALUE<=2;
           WHEN "0011"=>VALUE<=3;
           WHEN "0100"=>VALUE<=4;
           WHEN "0101"=>VALUE<=5;
           WHEN "0110"=>VALUE<=6;
           WHEN "0111"=>VALUE<=7;
           WHEN "1000"=>VALUE<=8;
           WHEN "1001"=>VALUE<=9;
           WHEN OTHERS=>VALUE<=0;
        END CASE;
      END IF;
  END PROCESS;
END ART;
```

4．库和程序包的确定

参考程序如下：

```
LIBRARY IEEE;
 USE IEEE.STD_LOGIC_1164.ALL;
 USE IEEE.STD_LOGIC_UNSIGNED.ALL;
```

5．**波形仿真**

编译成功后，会有一些警告信息，可不予处理。建立波形文件，加入管脚时，在“Node Finder”窗口，单击“Filter”输入框右侧的下拉按钮，选中“Pins：all & Registers：post-fitting”选项，这样可以将中间信号 CNT 加入到仿真文件中，以便于观察；在波形编辑窗口双击“CNT”和“VALUE”，设置成“Unsigned Decimal”（无符号十进制）。仿真结果如图 5-7 所示。

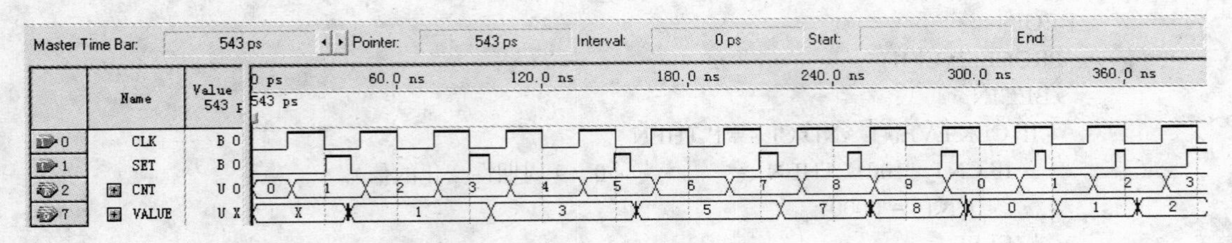

图 5-7　虚拟键盘的仿真波形

5.3 数码显示电路

数字系统常用的显示器件有发光二极管、数码管、液晶显示器等，其中最常用的是数码管。数码管的显示方式有静态显示和动态显示两种。

5.3.1 静态显示

静态显示就是将需要显示的 BCD 码数据经过译码后，分别接到数码管的驱动端，每 4 位 BCD 码连接一个数码管。静态显示的优点是结构简单，缺点是数码较多时，会占用大量的 I/O 接口线。

1．**设计题目**

设计一个静态显示器，能够驱动一个 7 段共阴极接法的数码管，将 4 位 BCD 译码器的输出静态显示成十进制数码。7 段数码管内部有 7 个发光二极管，利用这 7 个发光管的暗亮组合来显示数码，其外观和管脚排列如图 5-8 所示。

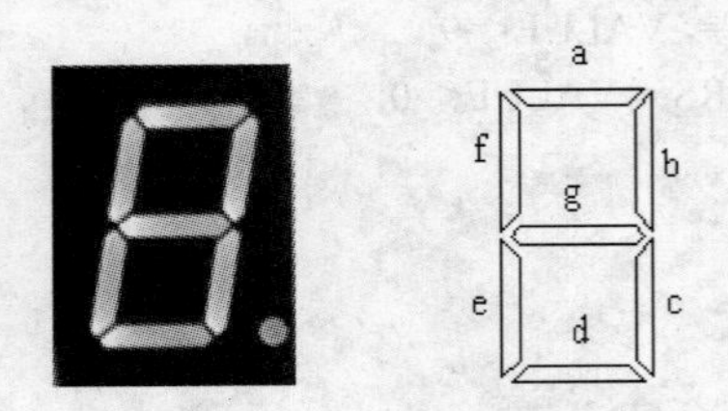

图 5-8　7 段数码管的外观和管脚排列

数码管有共阳极和共阴极两种接法，把数码管内所有二极管的阳极连接到一起的称为共阳极接法；把所有二极管的阴极连接到一起称为共阴极接法。四位 BCD 译码器的输入端有 4 个，共有 $2^4=16$ 种不同的输入组合，每一种组合可对应一个数码，而十进制数码共有十个，因此会出现 6 个无效状态，这时数码管的显示应该为暗。静态显示器应具备的管脚有输入端 D_0、D_1、D_2、D_3；输出端 S_0、S_1、S_2、S_3、S_4、S_5、S_6，分别接数码管的 a～g 端。数码管共阴极接法的静态显示器真值表如表 5-3 所示。

表 5-3　数码管共阴极接法的静态显示器真值表

输入端				输出端							说明
D_3	D_2	D_1	D_0	S_0	S_1	S_2	S_3	S_4	S_5	S_6	显示数码
0	0	0	0	1	1	1	1	1	1	0	0
0	0	0	1	0	1	1	0	0	0	0	1
0	0	1	0	1	1	0	1	1	0	1	2
0	0	1	1	1	1	1	1	0	0	1	3
0	1	0	0	0	1	1	0	0	1	1	4
0	1	0	1	1	0	1	1	0	1	1	5
0	1	1	0	1	0	1	1	1	1	1	6
0	1	1	1	1	1	1	0	0	0	0	7
1	0	0	0	1	1	1	1	1	1	1	8
1	0	0	1	1	1	1	1	0	1	1	9
1	×	1	×	0	0	0	0	0	0	0	暗

2．实体的确定

根据表 5-3 分析，实体应该有一个 4 位输入端和一个 7 位输出端，数据类型都可以使用 STD_LOGIC_VECTOR。设四位 BCD 码输入端为 D、7 位输出端为 S，实体名为 SDISP。实体参考程序如下：

```
ENTITY   SDISP   IS
  PORT ( D : IN     STD_LOGIC_VECTOR(3 DOWNTO 0);
         S : OUT    STD_LOGIC_VECTOR(6 DOWNTO 0));
  END SDISP;
```

3．结构体的确定

可以使用 CASE 语句描述真值表，还需要一个进程语句来执行输入信号 D 的变化。参考程序如下：

```
ARCHITECTURE A OF SDISP IS
  BEGIN
    PROCESS(D)
      BEGIN
       CASE D IS
         WHEN "0000"=>S<="1111110";      --0
         WHEN "0001"=>S<="0110000";      --1
         WHEN "0010"=>S<="1101101";      --2
         WHEN "0011"=>S<="1111001";      --3
         WHEN "0100"=>S<="0110011";      --4
         WHEN "0101"=>S<="1011011";      --5
         WHEN "0110"=>S<="1011111";      --6
         WHEN "0111"=>S<="1110000";      --7
         WHEN "1000"=>S<="1111111";      --8
```

```
            WHEN "1001"=>S<="1111011";      --9
            WHEN OTHERS=>S<="0000000";
        END CASE;
    END PROCESS;
END A;
```

4．库和程序包的确定

参考程序如下：

```
LIBRARY IEEE;
  USE IEEE.STD_LOGIC_1164.ALL;
```

5．波形仿真

编辑的程序文件通过编译后，可以进行波形仿真。仿真结果如图 5-9 所示。

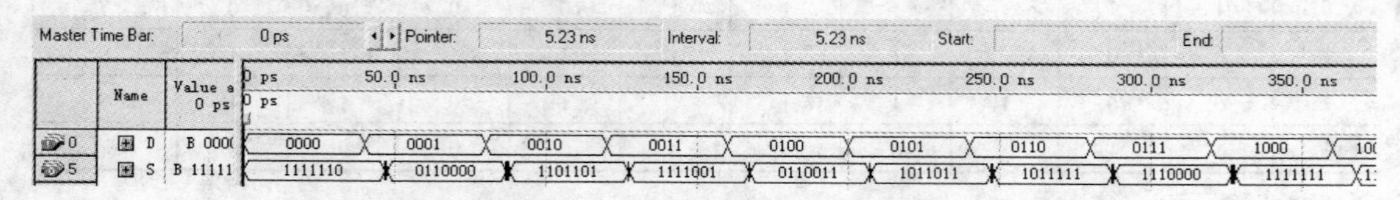

图 5-9　数码管共阴极接法的静态显示器仿真波形

5.3.2　动态显示

动态显示是将所有显示数据的 BCD 码按照一定的顺序和变化频率送到公用数据总线上，再通过一个共用的显示译码器译码后，接到数码管的驱动端，同时利用一个与数据总线变化频率相同的选通信号来确定单个数码管的显示，即选通信号决定是哪一个数码管显示，该时刻公用数据总线上的数据决定这个数码管显示的内容。

1．设计题目

利用 4 个共阴极接法的 7 段数码管动态显示 4 个 BCD 码数据，动态显示与扫描键盘的工作方式相似，状态表如表 5-4 所示。

表 5-4　动态显示器状态表

周期信号	显示数据	选通信号（低电平有效）	数码管 1	数码管 2	数码管 3	数码管 4
00	A	1110	显示 A	暗	暗	暗
01	B	1101	暗	显示 B	暗	暗
10	C	1011	暗	暗	显示 C	暗
11	D	0111	暗	暗	暗	显示 D

2．实体的确定

设 CLK 为系统时钟脉冲（1kHz 以上，频率太低，显示的数码会闪动）、A、B、C、D 为显示数据、COM 为数码管的选通信号、SEG 为数码管的显示驱动信号，实体名为 DDISP。实体参考程序如下：

```
ENTITY DDISP IS
  PORT ( CLK : IN STD_LOGIC;
```

```
      A   : IN STD_LOGIC_VECTOR(3 DOWNTO 0);
      B   : IN STD_LOGIC_VECTOR(3 DOWNTO 0);
      C   : IN STD_LOGIC_VECTOR(3 DOWNTO 0);
      D   : IN STD_LOGIC_VECTOR(3 DOWNTO 0);          --A、B、C、D 为显示数据
     COM : OUT STD_LOGIC_VECTOR(3 DOWNTO 0);         --数码管的选通信号
     SEG : OUT STD_LOGIC_VECTOR(6 DOWNTO 0));        --数码管的显示驱动信号
END ENTITY DDISP;
```

3．结构体的确定

结构体中需要 1 个周期性变化的信号（00～11），可以用计数器实现，设为 CNT；选通信号设为 COM，用 CASE 语句描述选通过程；再用 4 个共阴极接法的 7 段数码管显示即可。参考程序如下：

```
ARCHITECTURE ART OF DDISP IS
 SIGNAL CNT : STD_LOGIC_VECTOR(1 DOWNTO 0);
 SIGNAL BCD : STD_LOGIC_VECTOR(3 DOWNTO 0);
  BEGIN
   PROCESS(CLK)
     BEGIN
       IF CLK'EVENT AND CLK='1' THEN          --周期性变化的信号 CNT
         IF CNT="11" THEN
            CNT<="00";
         ELSE
            CNT<=CNT+'1';
         END IF;
       END IF;
   END PROCESS;
  PROCESS(CNT)
     BEGIN
       CASE CNT IS
         WHEN "00"=> BCD<=A; COM<="1110";        --COM 选通信号低电平有效
         WHEN "01"=> BCD<=B; COM<="1101";
         WHEN "10"=> BCD<=C; COM<="1011";
         WHEN "11"=> BCD<=D; COM<="0111";
         WHEN OTHERS=> BCD<="0000";COM<="1111";
       END CASE;
       CASE BCD IS                                --译码器
        WHEN "0000"=>SEG<="1111110";      --0
        WHEN "0001"=>SEG<="0110000";      --1
        WHEN "0010"=>SEG<="1101101";      --2
        WHEN "0011"=>SEG<="1111001";      --3
        WHEN "0100"=>SEG<="0110011";      --4
        WHEN "0101"=>SEG<="1011011";      --5
        WHEN "0110"=>SEG<="1011111";      --6
        WHEN "0111"=>SEG<="1110000";      --7
        WHEN "1000"=>SEG<="1111111";      --8
        WHEN "1001"=>SEG<="1111011";      --9
```

```
        WHEN OTHERS=>SEG<="0000000";
      END CASE;
  END PROCESS;
END ART;
```

4．库和程序包的确定

参考程序如下：

```
LIBRARY IEEE;
  USE IEEE.STD_LOGIC_1164.ALL;
  USE IEEE.STD_LOGIC_UNSIGNED.ALL;
```

5．波形仿真

编辑的程序文件通过编译后，可以进行波形仿真。仿真结果如图 5-10 所示。

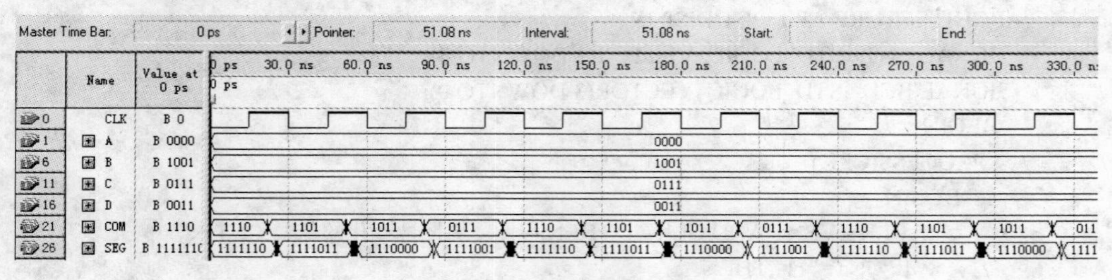

图 5-10　动态显示器仿真波形

5.4　存储器

存储器是数学系统的重要组成部分之一，用来存储程序和数据，表征系统的“记忆”功能。存储器属于通用大规模器件，一般不需要自行设计，但是数字系统有时需要设计一些小型的存储器件，用于临时存放数据、构成查表运算的数据表等。

5.4.1　ROM

ROM（只读存储器）是一种只能读出所存数据的存储器，其特性是一旦储存资料就无法再将之改变或删除。ROM 所存数据稳定，断电后所存数据也不会改变；其结构较简单，读出较方便，因而常用于存储各种固定程序和数据。

1．设计题目

设计一个容量为 256×4 的 ROM，存储的部分数据及对应地址如表 5-5 所示。

表 5-5　数据及对应地址

地　　址	该地址上存储的数据	地　　址	该地址上存储的数据
00000000	0001	00000101	1000
00000001	0010	00011000	1100
00000010	0011	00011100	1110
00000011	0100	00100000	1101
00000100	0101	00100100	0111

2．实体的确定

容量为 256×4 的 ROM 应该有 8 条输入地址线（2^8=256），设为 ADDR，即 ADDR（0）～ADDR（7）；ROM 的数据宽度为 4，应该有 4 条数据输出线，设为 DOUT，即 DOUT（0）～DOUT（3）。实体名为 ROM。实体参考程序如下：

```
ENTITY ROM IS
  PORT(CLK   :  IN    STD_LOGIC;
       ADDR  :  IN    STD_LOGIC_VECTOR(7 DOWNTO 0);
       DOUT  :  OUT   STD_LOGIC_VECTOR(3 DOWNTO 0));
END ROM;
```

3．结构体的确定

用 CASE 语句描述表 5-5 即可，其他情况输出高阻状态。参考程序如下：

```
ARCHITECTURE ART OF ROM IS
  BEGIN
   PROCESS(CLK)
    BEGIN
     IF CLK'EVENT AND CLK='1' THEN
       CASE ADDR IS
          WHEN "00000000"=>DOUT<="0001";
          WHEN "00000001"=>DOUT<="0010";
          WHEN "00000010"=>DOUT<="0011";
          WHEN "00000011"=>DOUT<="0100";
          WHEN "00000100"=>DOUT<="0101";
          WHEN "00000101"=>DOUT<="1000";
          WHEN "00011000"=>DOUT<="1100";
          WHEN "00011100"=>DOUT<="1110";
          WHEN "00100000"=>DOUT<="1101";
          WHEN "00100100"=>DOUT<="0111";
          WHEN OTHERS=>DOUT<="ZZZZ";    --其他情况输出高阻状态
       END CASE;
     END IF;
   END PROCESS;
END ART;
```

4．库和程序包的确定

参考程序如下：

```
LIBRARY IEEE;
 USE IEEE.STD_LOGIC_1164.ALL;
```

5．波形仿真

编辑的程序文件通过编译后，可以进行波形仿真。仿真结果如图 5-11 所示。

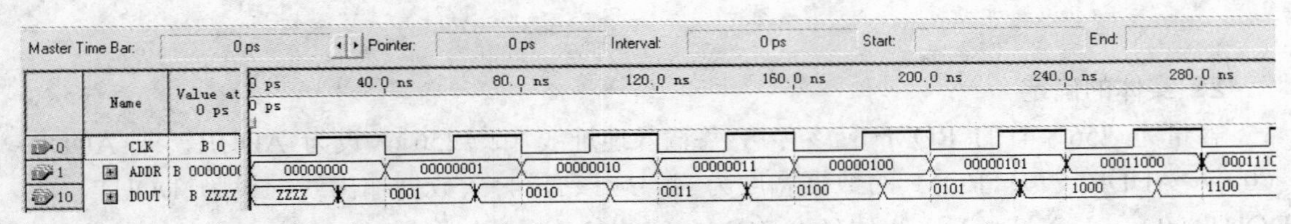

图 5-11 ROM 仿真波形

5.4.2 SRAM

SRAM（静态随机存储器）是一种具有静止存取功能的存储器，不需要刷新电路即能保存内部存储的数据，有读、写两种操作。SRAM 的容量用“深度×宽度”表示，深度是指存储数据的数量；宽度是指存储数据的位数。例如一个宽度为 8、深度为 8 的 SRAM，就可以存储 8 个 8 位的数据，表示为 8×8 的 SRAM；同样宽度为 8、深度为 12 的 SRAM 就可以存储 12 个 8 位的数据，表示为 12×8 的 SRAM。

1．设计题目

设计一个 8×8 的 SRAM，能够读写表 5-6 所示的数据。

表 5-6 8×8 的 SRAM 数据表

写 信 号	读 信 号	地 址	数 据
1	0	000（写入地址）	00000000（写入数据）
1	0	001（写入地址）	00000001（写入数据）
1	0	010（写入地址）	00000010（写入数据）
1	0	011（写入地址）	00000011（写入数据）
0	1	000（读出地址）	00000000（读出数据）
0	1	001（读出地址）	00000001（读出数据）
0	1	010（读出地址）	00000010（读出数据）
0	1	011（读出地址）	00000011（读出数据）

2．实体的确定

8×8 的 SRAM 表示存储 8 个 8 位二进制数据，数据输入和输出端都需要八位的 STD_LOGIC_VECTOR 类型，设数据输入端为 DATAIN、数据输出端为 DATAOUT；存储的数据有 8 个，读写地址线 3 位即可（$2^3=8$），设读地址为 RADDR、写地址为 WADDR，均为 STD_LOGIC_VECTOR 类型；还需要读写控制线，设读控制线为 RE、写控制线为 WE，均为 STD_LOGIC 类型。实体名为 SRAM。实体参考程序如下：

```
ENTITY SRAM IS
  PORT(CLK        : IN STD_LOGIC;
       WE,RE      : IN STD_LOGIC;           --写、读信号，高电平有效
       DATAIN     : IN STD_LOGIC_VECTOR(7 DOWNTO 0);
       WADDR      : IN STD_LOGIC_VECTOR(2 DOWNTO 0);
       RADDR      : IN STD_LOGIC_VECTOR(2 DOWNTO 0);
       DATAOUT    : OUT STD_LOGIC_VECTOR(7 DOWNTO 0));
END SRAM;
```

3. 结构体的确定

分为写、读两个进程，先写后读；自定义 8×8 数组用于存储数据，该数组的行号使用写、读地址产生。由于写、读地址为 STD_LOGIC_VECTOR 类型，而数组的行号是整数，需要使用数据类型转换函数 CONV_INTEGER。例如 CONV_INTEGER (110) 是将 STD_LOGIC_VECTOR 类型数据“110”转换成整数“6”。参考程序如下：

```
ARCHITECTURE ART OF SRAM IS
  TYPE MEM IS ARRAY(7 DOWNTO 0) OF
     STD_LOGIC_VECTOR(7 DOWNTO 0);                    --自定义 8×8 数组 RAMTMP
  SIGNAL RAMTMP : MEM;
 BEGIN
  WR: PROCESS(CLK)                                    --写进程
   BEGIN
    IF CLK'EVENT AND CLK='1' THEN
     IF WE='1' THEN
       RAMTMP(CONV_INTEGER(WADDR))<=DATAIN;           --写入数据
     END IF;
    END IF;
  END PROCESS WR;
 RR:PROCESS(CLK)                                      --读进程
   BEGIN
    IF CLK'EVENT AND CLK='1' THEN
     IF RE='1' THEN
       DATAOUT<=RAMTMP(CONV_INTEGER(RADDR));          --读出数据
     END IF;
    END IF;
  END PROCESS RR;
 END ART;
```

4. 库和程序包的确定

由于结构体中使用了数据类型转换函数 CONV_INTEGER，需要调用 IEEE 库中的 STD_LOGIC_UNSIGNED 程序包，因此需要在实体的前面调用 IEEE 库，并使用该程序包。参考程序如下：

```
LIBRARY IEEE;
 USE IEEE.STD_LOGIC_1164.ALL;
 USE IEEE.STD_LOGIC_UNSIGNED.ALL;
```

5. 波形仿真

编辑的程序文件通过编译后，可以进行波形仿真。仿真结果如图 5-12 所示。

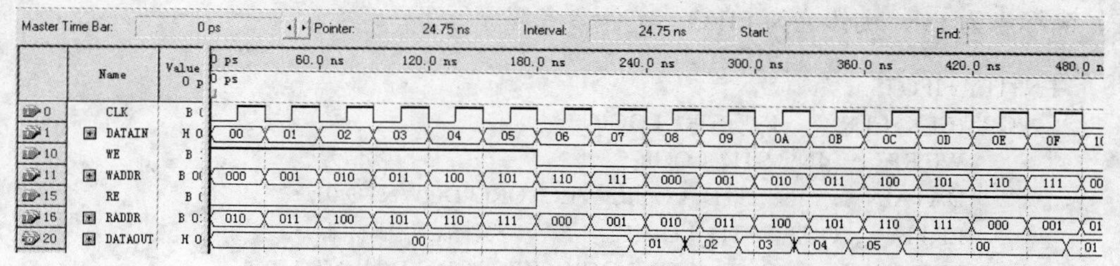

图 5-12 8×8 的 SRAM 仿真波形

5.4.3 FIFO

FIFO 是一种先进先出的队列式数据缓存器，与 SRAM 存储器的区别是没有外部读写地址线，这样使用起来非常简单，但缺点就是只能按顺序写入数据，按顺序读出数据。其数据地址由内部读写指针自动加 1 完成，不能像 SRAM 存储器那样可以由地址线决定读取或写入某个指定的地址。FIFO 一般用于不同时钟域（工作频率）之间的数据传输，例如 FIFO 的一端是 A/D（模数转换）数据采集，另一端是计算机的 PCI（并行数据采集）总线，就可以采用 FIFO 来作为数据缓冲；另外对于不同宽度的数据接口也可以用 FIFO，例如单片机是八位数据输出，而 DSP 可能是十六位数据输入，在单片机与 DSP 之间传输数据时就可以使用 FIFO 来达到数据匹配的目的。

1．设计题目

设计一个 4×4 先进先出的队列式数据缓存器（FIFO），4×4 的含义与 SRAM 相同。FIFO 的一些重要参数如下所述。

（1）满标志：FIFO 已满或将要满（只能写入当前数据）时，由状态电路发出的一个信号，以阻止写操作继续向 FIFO 中写入数据而造成数据溢出。

（2）空标志：FIFO 已空或将要空（只能读出当前数据）时，由状态电路发出的一个信号，以阻止读操作继续从 FIFO 中读出数据而造成无效数据的读出。

（3）读指针：指向下一个读出地址，读完后自动加 1。

（4）写指针：指向下一个写入地址，写完后自动加 1。

2．设计提示

读写指针其实就是读写的地址，只不过这个地址不能任意选择，而是连续的。为了保证数据正确的写入或读出，而不发生溢出或空读的状态出现，必须保证 FIFO 在满的情况下，不能进行写操作；在空的状态下不能进行读操作。有以下两种情况不能写入：

（1）写地址到达最后一位，同时，读地址在初始位置。即写满全部空间，而且没有读出时不能写入。

（2）写满后，读出几个字节但没有全部读完，留下的空位又被写满时不能写入。

同样有以下两种情况不能读出：

（1）读地址到达最后一位，同时，写地址在初始位置。即已将所有数据读出，而且没有再次写入时不能读出。

（2）读空后，写入几个字节但没有写满，又开始读操作，读出这几个字节后不能读出。

3．实体的确定

设写信号为 WE、读信号为 RE、输入数据为 DATAIN、输出数据为 DATAOUT、空标志为 EF、满标志为 FF、实体名为 FIFO。实体参考程序如下：

```
ENTITY FIFO IS
   PORT(CLK, CLR   :  IN    STD_LOGIC;
        WE,RE   :  IN   STD_LOGIC;              --写信号、读信号
        DATAIN   :  IN   STD_LOGIC_VECTOR(3 DOWNTO 0);
        EF,FF   :   OUT   STD_LOGIC;            --空标志、满标志
        DATAOUT   :   OUT   STD_LOGIC_VECTOR(3 DOWNTO 0));
```

```
END FIFO;
```

4．结构体的确定

根据设计提示，分为修改写指针、写操作、修改读指针、读操作、产生满标志、产生空标志 6 个进程，先写后读；在结构体内定义写地址信号 WADDR、读地址信号 RADDR、记录指针位置的信号 W 和 R；自定义 4×4 数组用于存储数据。由于写、读地址为 STD_LOGIC_VECTOR 类型，而数组的行号是整数，需要使用数据类型转换函数 CONV_INTEGER 和 CONV_STD_LOGIC_VECTOR，完成地址和数组行号之间的转换，例如 CONV_STD_LOGIC_VECTOR(3,2)是将整数 3 转换成 2 位 STD_LOGIC_VECTOR 类型数据，即 3 转换成“11”。参考程序如下：

```
ARCHITECTURE ART OF FIFO IS
  TYPE MEM IS ARRAY(3 DOWNTO 0) OF
     STD_LOGIC_VECTOR(3 DOWNTO 0);                        --自定义 4×4 数组
   SIGNAL RAMTMP : MEM;
   SIGNAL WADDR: STD_LOGIC_VECTOR(1 DOWNTO 0);         --写地址
   SIGNAL RADDR: STD_LOGIC_VECTOR(1 DOWNTO 0);         --读地址
   SIGNAL W,W1,R,R1 : integer range 0 to 4;
 BEGIN
--修改写指针进程
WRITE_POINTER: PROCESS(CLK,CLR,WADDR)   IS
    BEGIN
     IF CLR='0' THEN
      WADDR<=(OTHERS=>'0');                               --写地址清零
       ELSIF CLK'EVENT AND CLK='1' THEN
        IF WE='1' THEN                                    --写信号有效
          IF WADDR="11" THEN
             WADDR<=(OTHERS=>'0');                        --写地址已满，清零
          ELSE
             WADDR<=WADDR+'1';
          END IF;
        END IF;
      END IF;
     W <= CONV_INTEGER(WADDR);
     W1<=W-1;                                             --写指针当前所在位置
   END PROCESS WRITE_POINTER;
--写操作进程
  WRITE_RAM:PROCESS(CLK)   IS
    BEGIN
     IF CLK'EVENT AND CLK='1' THEN
      IF WE='1' THEN
         RAMTMP(CONV_INTEGER(WADDR))<=DATAIN;             --写入数据
      END IF;
     END IF;
   END PROCESS WRITE_RAM;
--修改读指针进程
```

```
READ_POINTER: PROCESS(CLK,CLR,RADDR)    IS
  BEGIN
   IF CLR='0' THEN
    RADDR<=(OTHERS=>'0');                                        --读地址清零
     ELSIF CLK'EVENT AND CLK='1' THEN
      IF RE='1' THEN                                             --读信号有效
        IF RADDR="11" THEN
          RADDR<=(OTHERS=>'0');                                  --已读空，读地址清零
        ELSE
          RADDR<=RADDR+'1';
        END IF;
      END IF;
    END IF;
   R<=CONV_INTEGER(RADDR);                                       --读地址转换为整数
   R1<=R-1;                                                      --读指针所在的位置
 END PROCESS READ_POINTER;
--读操作进程
READ_RAM:PROCESS(CLK)    IS
  BEGIN
   IF CLK'EVENT AND CLK='1' THEN
    IF RE='1' THEN
      DATAOUT<=RAMTMP(CONV_INTEGER(RADDR));      --读出数据
    END IF;
   END IF;
 END PROCESS READ_RAM;
--产生满标志进程
FFLAG:PROCESS(CLK,CLR)    IS
  BEGIN
   IF CLR='0' THEN
     FF<='0';                                                    --满标志清零
   ELSIF CLK'EVENT AND CLK='1' THEN
    IF WE='1' AND RE='0' THEN
      IF (W=R1) OR ((WADDR=CONV_STD_LOGIC_VECTOR(3,2)) AND (RADDR="00")) THEN
        FF<='1';                                        --产生满标志
      END IF;
    ELSE
      FF<='0';
    END IF;
   END IF;
 END PROCESS FFLAG;
--产生空标志进程
EFLAG:PROCESS(CLK,CLR)    IS
  BEGIN
   IF CLR='0' THEN
     EF<='0';
   ELSIF CLK'EVENT AND CLK='1' THEN
```

```
        IF RE='1' AND WE='0' THEN
          IF (R=W1) OR ((RADDR=CONV_STD_LOGIC_VECTOR(3,2)) AND (WADDR="00")) THEN
            EF<='1';                                                --产生空标志
          END IF;
        ELSE
          EF<='0';
        END IF;
      END IF;
    END PROCESS EFLAG;
END ART;
```

5．库和程序包的确定

由于结构体中使用了数据类型转换函数 CONV_INTEGER，需要调用 IEEE 库中的 STD_LOGIC_UNSIGNED 程序包；使用了数据类型转换函数 CONV_STD_LOGIC_VECTOR，需要调用 IEEE 库中的 STD_LOGIC_ARITH 程序包，因此需要在实体的前面调用 IEEE 库，并使用这两个程序包。参考程序如下：

```
LIBRARY IEEE;
  USE IEEE.STD_LOGIC_1164.ALL;
  USE IEEE.STD_LOGIC_ARITH.ALL;
  USE IEEE.STD_LOGIC_UNSIGNED.ALL;
```

6．波形仿真

编辑的程序文件通过编译后，可以进行波形仿真。仿真结果如图 5-13 所示。

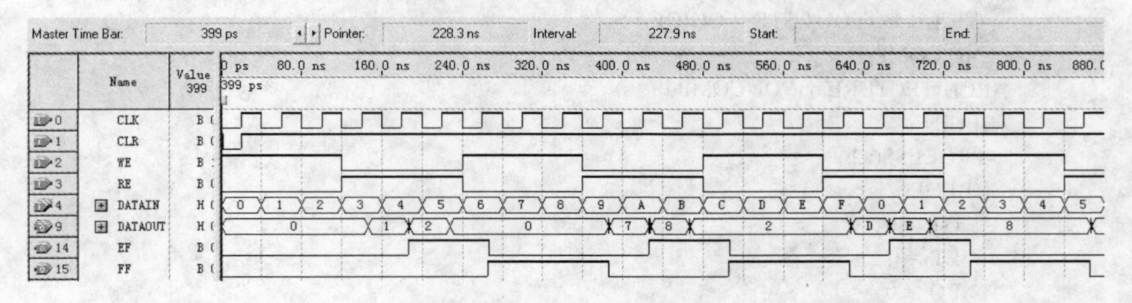

图 5-13　4×4 的 FIFO 仿真波形

5.5　习题

1．分析下面 VHDL 源程序，说明电路的功能。

```
LIBRARY IEEE;
  USE IEEE.STD_LOGIC_1164.ALL;
  USE IEEE.STD_LOGIC_UNSIGNED.ALL;
ENTITY choose IS
  PORT(    s2,s1,s0 : IN STD_LOGIC;
        d3,d2,d1,d0 : IN STD_LOGIC;
```

```
        d7,d6,d5,d4 : IN STD_LOGIC;
                Y : OUT STD_ULOGIC);
END choose;
ARCHITECTURE a OF choose IS
 SIGNAL S : STD_LOGIC_VECTOR(2 DOWNTO 0);
BEGIN
 s<=s2 & s1 & s0;
 y<=d0   WHEN s="000" ELSE
    d1   WHEN s="001" ELSE
    d2   WHEN s="010" ELSE
    d3   WHEN s="011" ELSE
    d4   WHEN s="100" ELSE
    d5   WHEN s="101" ELSE
    d6   WHEN s="110" ELSE
    d7;
END a;
```

2．分析下面的 VHDL 源程序，说明设计电路的功能。

```
LIBRARY IEEE;
 USE IEEE.STD_LOGIC_1164.ALL;
 USE IEEE.STD_LOGIC_UNSIGNED.ALL;
ENTITY COMP IS
 PORT( A : IN STD_LOGIC_VECTOR(3 DOWNTO 0);
       B : IN STD_LOGIC_VECTOR(3 DOWNTO 0);
  GT, LT, EQ : OUT STD_LOGIC);
 END COMP;
ARCHITECTURE one OF COMP IS
 BEGIN
  PROCESS(a,b)
   BEGIN
    GT<='0';
    LT<='0';
    EQ<='0';
    IF   A>B   THEN   GT<='1';
    ELSIF   A<B   THEN   LT<='1';
    ELSE   EQ<='1';
   END IF;
  END PROCESS;
END one;
```

3．分析下面的 VHDL 源程序，说明设计电路的功能。

```
LIBRARY IEEE;
 USE IEEE.STD_LOGIC_1164.ALL;
ENTITY ANDEIGHT IS
 PORT(ABIN : IN STD_LOGIC_VECTOR(7 DOWNTO 0);
      DIN : IN STD_LOGIC_VECTOR(7 DOWNTO 0);
```

```
      DOUT : OUT STD_LOGIC_VECTOR(7 DOWNTO 0));
END ANDEIGHT;
ARCHITECTURE ONE OF ANDEIGHT IS
 BEGIN
  PROCESS(ABIN,DIN)
   BEGIN
    FOR I IN 0 TO 7 LOOP
     DOUT(I) <=DIN(I) AND ABIN(I);
    END LOOP;
  END PROCESS;
END ONE;
```

4．设计一个等占空比的分频器，能够输出 10 分频和 18 分频信号。设时钟脉冲输入端为 CLK、复位端为 RESET；分频信号输出端为 DIV10 和 DIV18，实体名为 DOUBDIV。

5．设计一个 4×4 扫描键盘，按键为弹起式，已经过“去抖动”处理。要求数字键（0～9）和功能键（F_0～F_5）分别输出，并产生相应标志。设时钟脉冲输入端为 CLK、按键输入端为 KEYIN、扫描信号输入端为 SCAN；数字按键输出端为 DATAOUT、功能按键输出端为 FUNOUT、数字按键输出标志为 DFLAG、功能按键输出标志为 FFLAG，实体名为 SCANJP44。键盘外观如图 5-14 所示。

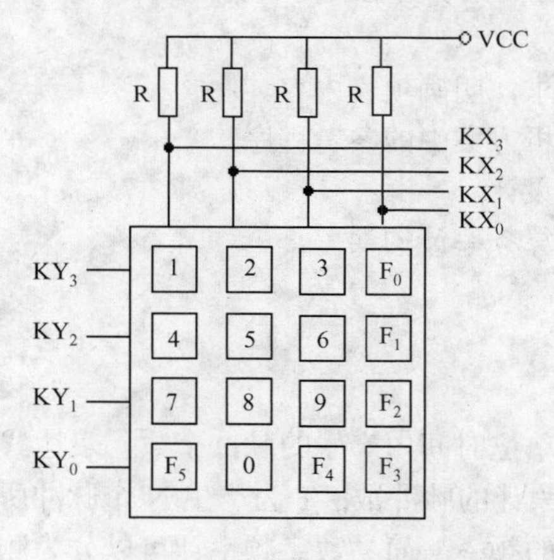

图 5-14　4×4 扫描键盘

6．设计一个静态显示器，能够驱动一个 7 段共阴极接法的数码管，将 4 位 BCD 译码器的输出静态显示成十六进制数码（0～9、A、b、C、d、E、F）。

7．设计一个 16×8 的 SRAM，即深度为 16、宽度为 8。设数据输入端为 DATAIN、数据输出端为 DATAOUT；存储的数据有 16 个，读写地址线 4 位即可（2^4=16），设读地址为 RADDR、写地址为 WADDR；读控制线为 RE、写控制线为 WE，实体名为 SRAM16。

8．设计一个异步清零、同步置数、带有计数使能控制的六进制递增计数器。设时钟脉冲输入端为 CLK、异步清零端为 CLR、同步置数端为 LDN、计数使能端为 EN、置数数据输入端为 D、计数输出端为 Q。

第 6 章　数字系统设计项目实训

本章要点

- 数字系统 VHDL 程序设计
- 元件例化语句的应用
- 数字系统的仿真

6.1　数字频率计

6.1.1　项目说明

1．任务书

设计一个能测量方波信号频率的简易数字频率计，测量结果用十进制数显示，测量的频率范围是 1～9999Hz，用 4 位数码管静态显示测量频率。

2．计划书

（1）阅读、讨论项目要求，明确项目内容。

（2）研究设计方案，分析方案中的参考程序。

（3）完成数字频率计的设计。

（4）测量数字信号，计算频率计的误差。

6.1.2　设计方案

1．项目分析

方波信号的频率就是在单位时间内产生的脉冲个数，表达式为 f=N / T，其中 f 为被测信号的频率；N 为计数器所累计的脉冲数；T 为产生 N 个脉冲所需的时间。计数器在 1 秒内所计的结果，就是被测信号的频率。简易数字频率计可以分为测频控制模块和译码显示模块两个部分，其系统框图如图 6-1 所示。

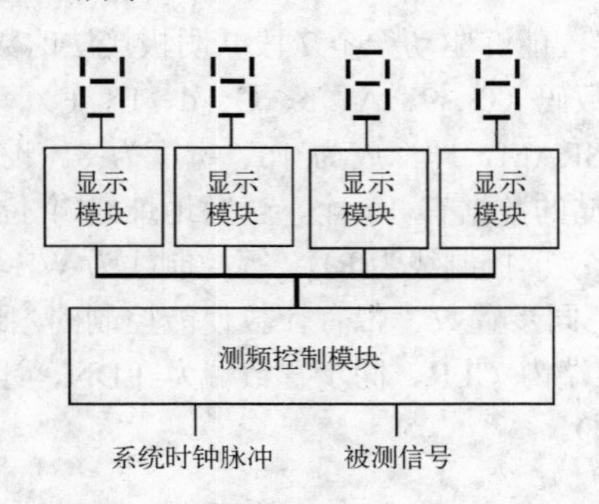

图 6-1　数字频率计系统框图

2．测频控制模块

该模块将 1Hz 的系统工作时钟脉冲 2 分频，取前半个周期产生脉宽为 1 秒的控制时钟脉冲，作为计数器的闸门信号，当控制时钟为上升沿（由低变高）时，开始计数；当控制时钟为下降沿（由高变低）时，输出计数值；最后还要在下次控制时钟上升沿到来之前，产生清零信号，将计数器清零，为下次计数作准备。设系统时钟脉冲为 CLK（1Hz）、被测信号为 TEST，输出信号为 DOUT（16 位），文件名为 FREQ。参考程序如下：

```
LIBRARY IEEE;
 USE IEEE.STD_LOGIC_1164.ALL;
 USE IEEE.STD_LOGIC_UNSIGNED.ALL;
ENTITY FREQ IS
   PORT(TEST : IN STD_LOGIC;                --被测信号
         CLK : IN STD_LOGIC;                --系统时钟脉冲
        DOUT : OUT STD_LOGIC_VECTOR(15 DOWNTO 0));   --计数值
END ENTITY FREQ;
ARCHITECTURE ART OF FREQ IS
   SIGNAL CLR,EN:STD_LOGIC;                 --CLR 清零信号、EN 计数使能信号
   SIGNAL DATA:STD_LOGIC_VECTOR(15 DOWNTO 0);     --计数值寄存器，与 DOUT 对应
 BEGIN
   PROCESS(CLK,CLR,EN)   IS                 --产生宽度为 1 秒的闸门信号进程
    BEGIN
     IF CLK'EVENT AND CLK ='1' THEN         --检查 CLK 的上升沿
      EN<= NOT EN;
     END IF;
   END PROCESS;
  CLR<= NOT CLK AND NOT EN;                 --CLK 和 EN 同时为低电平时，产生清零信号
  PROCESS(TEST,CLR) IS                      --计数进程
    BEGIN
     IF CLR ='1' THEN DATA<="0000000000000000";         --清零
      ELSIF RISING_EDGE(TEST) THEN          -- RISING_EDGE 检查信号上升沿
       --下面的 IF 语句可以将十六进制数转换成十进制数
       IF DATA(11 DOWNTO 0)="100110011001" THEN DATA<=DATA+"011001100111";
        ELSIF DATA(7 DOWNTO 0)="10011001" THEN DATA<=DATA+"01100111";
         ELSIF DATA(3 DOWNTO 0)="1001" THEN DATA<=DATA+"0111";
       ELSE DATA<=DATA+'1';
       END IF;
     END IF;
   END PROCESS;
 PROCESS(DATA,EN) IS                        --控制时钟下降沿输出计数值进程
   BEGIN
    IF FALLING_EDGE(EN) THEN DOUT<=DATA;   -- FALLING_EDGE 检查信号下降沿
    END IF;
  END PROCESS;
 END ART;
```

3．译码显示模块

译码显示部分采用共阴极 7 段数码管静态显示方式实现。可以使用第 5 章设计的静态显示器，也可以重新编写程序。设 4 位数据输入端为 D、7 位数码输出端为 S，文件名为 DISP。实体参考程序如下：

```
LIBRARY   IEEE;
  USE IEEE.STD_LOGIC_1164.ALL;
ENTITY   DISP   IS
  PORT ( D : IN      STD_LOGIC_VECTOR(3 DOWNTO 0);          --4 位数据输入端
         S : OUT     STD_LOGIC_VECTOR(6 DOWNTO 0));         --7 位数码输出端
  END DISP;
ARCHITECTURE A OF DISP IS
  BEGIN
    PROCESS(D)
     BEGIN
      CASE D IS
        WHEN "0000"=>S<="1111110";                 --0
        WHEN "0001"=>S<="0110000";                 --1
        WHEN "0010"=>S<="1101101";                 --2
        WHEN "0011"=>S<="1111001";                 --3
        WHEN "0100"=>S<="0110011";                 --4
        WHEN "0101"=>S<="1011011";                 --5
        WHEN "0110"=>S<="1011111";                 --6
        WHEN "0111"=>S<="1110000";                 --7
        WHEN "1000"=>S<="1111111";                 --8
        WHEN "1001"=>S<="1111011";                 --9
        WHEN OTHERS=>S<="0000000";                 --其他状态不显示，数码管全暗
      END CASE;
    END PROCESS;
END A;
```

编译成功后，编辑波形进行仿真。如果仿真波形正确，就可以生成译码显示模块元件 DISP.BSF，以备其他文件调用。

6.1.3 项目实现

1．顶层文件设计

顶层文件是系统的主文件，需要将系统的所有模块按照相互关系协调地连接起来。设计顶层文件可以采用原理图设计和文本设计两种实现方式，原理图设计方式需要将各个模块生成元件后，建立图形文件，调用并连接各个模块；文本设计方式采用元件例化语句连接各个模块。这里采用文本设计方式。

（1）新建项目。在项目建立向导的添加文件对话框中输入 SDF.VHD（文件名），单击“Add”按钮，添加该文件；再单击添加文件对话框的 File name 右侧的按钮，选择 FREQ.VHD 文件所在的文件夹，选中 FREQ.VHD 文件，单击“Add”按钮，添加该文件；再次单击添加文件对话框的 File name 右侧的按钮，选择 DISP.VHD 所在的文件夹，选中

DISP.VHD 文件，单击“Add”按钮，添加 DISP.VHD 文件。

（2）建立文本文件，编辑顶层文件设计程序。在程序实体中，定义整个系统的输入和输出，设系统时钟脉冲为 CLK（1Hz）、被测信号为 TEST，输出的显示信号为 S_0、S_1、S_2 和 S_3，分别接 4 个 7 段数码管；结构体中描述模块的连接关系，需要定义临时信号，代表模块之间的连线；文件名为 SDF。参考程序如下：

```
LIBRARY IEEE;
  USE IEEE.STD_LOGIC_1164.ALL;
ENTITY SDF IS
  PORT(TEST:IN STD_LOGIC;            --被测信号
       CLK:IN STD_LOGIC;             --系统时钟脉冲
       S0,S1,S2,S3:OUT STD_LOGIC_VECTOR(6 DOWNTO 0));          --显示信号
END ENTITY SDF;
ARCHITECTURE ART OF SDF IS
 COMPONENT FREQ IS                   --测频控制模块的例化声明
  PORT(TEST:IN STD_LOGIC;
        CLK:IN STD_LOGIC;
       DOUT:OUT STD_LOGIC_VECTOR(15 DOWNTO 0));
 END COMPONENT FREQ;
 COMPONENT DISP IS                   --显示模块的例化声明
  PORT (D : IN      STD_LOGIC_VECTOR(3 DOWNTO 0);
         S : OUT    STD_LOGIC_VECTOR(6 DOWNTO 0));
 END COMPONENT DISP;
 SIGNAL TEMPDOUT:STD_LOGIC_VECTOR(15 DOWNTO 0);                --定义临时信号
 SIGNAL TEMPD:STD_LOGIC_VECTOR(3 DOWNTO 0);                    --定义临时信号
  BEGIN
   U0:FREQ PORT MAP(TEST,CLK,TEMPDOUT);                 --测频控制模块的端口映射
   U1:DISP PORT MAP(TEMPDOUT(3 DOWNTO 0),S0);           --显示模块的端口映射（个位）
   U2:DISP PORT MAP(TEMPDOUT(7 DOWNTO 4),S1);           --显示模块的端口映射（十位）
   U3:DISP PORT MAP(TEMPDOUT(11 DOWNTO 8),S2);          --显示模块的端口映射（百位）
   U4:DISP PORT MAP(TEMPDOUT(15 DOWNTO 12),S3);         --显示模块的端口映射（千位）
END ARCHITECTURE ART;
```

编译成功后建立波形文件，根据题意编辑输入信号的波形，设 CLK 为 1Hz，将被测信号分成不同频率的两个部分（设为 8Hz 和 24Hz），编辑完成并保存文件后进行仿真。数字频率计的仿真波形如图 6-2 所示。

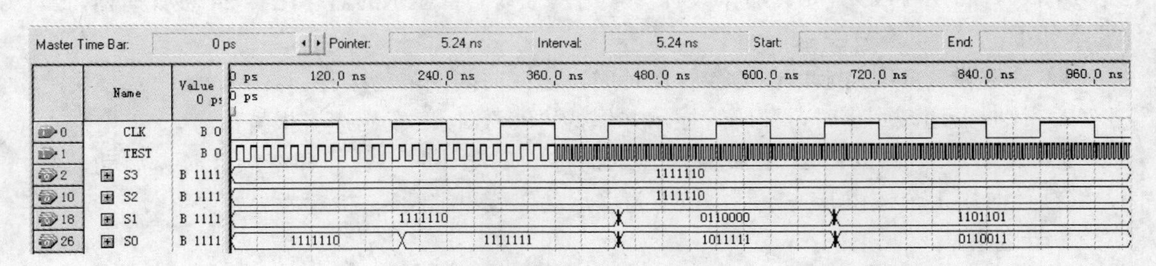

图 6-2　数字频率计的仿真波形

2．系统的硬件验证

系统通过仿真后，可根据 EDA 实验开发平台的实际情况，选择可编程逻辑器件，锁定管脚进行编程下载，在实验平台上测试系统的功能。使用 1 台低频函数信号发生器产生 1kHz 的方波信号，将该信号接 TEST 端，待数码管稳定显示后，记录其读数；改变信号发生器的输出方波频率，记录简易数字频率计的显示读数。

6.1.4 功能扩展与项目评价

1．功能扩展

在完成项目的任务要求后，考虑以下内容：

（1）扩大频率测量范围。

（2）通过改变闸门时间，提高测量精度。

（3）增加测量信号周期的功能。

（4）将输出的静态显示改为动态扫描显示。

2．项目评价

项目评价是在教师的主持下，通过项目负责人的讲解演示，评估项目的完成情况，评价内容如下：

（1）项目的功能描述。

（2）团队合作和任务分配情况。

（3）频率计的设计完成情况。

（4）频率计的操作和信号测量误差。

6.2 篮球比赛 24 秒计时器

6.2.1 项目说明

1．任务书

在 2008 年国际篮联修改的篮球比赛规则中，有一个关于“24 秒进攻”的规则，即从获取球权到投篮击中篮框、命中、被侵犯（对方犯规）、球出界，其有效时间合计不能超过 24 秒，否则被判违例，将失去球权。另外，对非投篮的防守犯规、脚踢球或者出界球等判罚之后，如果所剩时间超过 14 秒（包括 14 秒），开球后继续计时；如果所剩时间少于 14 秒（不包括 14 秒），将从 14 秒开始计时。设计一个用两个数码管显示的篮球比赛 24 秒计时器，具体要求如下：

（1）能够设置 24 秒倒计时和 14 秒倒计时，递减时间间隔为 1 秒。

（2）计时器递减到零时，数码管显示并保持“00”，同时发出声音报警信号。

（3）设置外部操作开关，控制计时器的清零、启动计时、暂停和继续计时。启动、暂停、继续计时用 1 个按钮开关控制，按下为“启动”或“继续”、抬起为“暂停”。

2．计划书

（1）阅读、讨论项目要求，明确项目内容。

（2）研究项目设计方案，分析参考程序。

（3）编辑、编译、仿真参考程序，确定一个项目实现方案。

（4）按照制定的实现方案，完成项目。

（5）测试 24 秒计时器，评价性能和应用效果。

6.2.2 设计方案

1. 项目分析

篮球比赛 24 秒计时器的主要功能是倒计时，工作人员按下“清零”按钮，显示 24 秒，这时按下“14 秒设置”键则显示 14 秒；按下“启动/暂停/继续”按钮，开始倒计时；计时过程中，抬起（再按 1 次即可）“启动/暂停/继续”按钮，计时暂停，保持显示时间；再次按下“启动/暂停/继续”按钮，从停止的时间开始继续计时；时间结束时显示 00，不再变化同时发出报警信号。整个系统可分为计时控制模块和显示控制模块两个部分，24 秒计时器系统框图如图 6-3 所示。

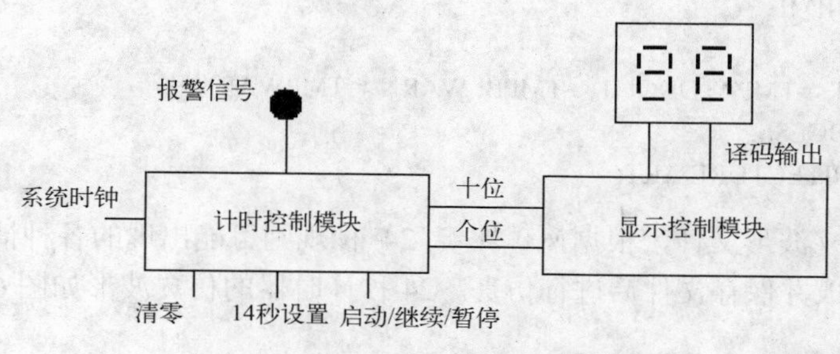

图 6-3　24 秒计时器系统框图

2. 计时模块

计时模块完成 24 秒或 14 秒倒计时功能。设系统时钟为 CLK（1Hz）、14 秒预置端为 PLD、启动/暂停/继续控制端为 ENB、清零端为 CLR；报警信号输出端为 WARN、十位数字输出端为 DDOUT、个位数字输出端为 SSOUT，文件名为 BSJSB。参考程序如下：

```
LIBRARY IEEE;
 USE IEEE.STD_LOGIC_1164.ALL;
 USE IEEE.STD_LOGIC_UNSIGNED.ALL;
ENTITY BSJSB IS
   PORT(CLR,PLD,ENB,CLK: IN STD_LOGIC;
        WARN: OUT STD_LOGIC;                              --报警信号
        DDOUT : OUT STD_LOGIC_VECTOR(3 DOWNTO 0);      --十位
        SSOUT : OUT STD_LOGIC_VECTOR(3 DOWNTO 0));     --个位
END ENTITY BSJSB;
ARCHITECTURE ART OF BSJSB IS
 BEGIN
  PROCESS(CLK,CLR,ENB) IS
    VARIABLE TMPA: STD_LOGIC_VECTOR(3 DOWNTO 0);
    VARIABLE TMPB: STD_LOGIC_VECTOR(3 DOWNTO 0);
    VARIABLE TMPWARN: STD_LOGIC;
   BEGIN
```

```
        IF CLR='1' THEN TMPA:="0100"; TMPB:="0010"; TMPWARN:='0';
         ELSIF CLK'EVENT AND CLK='1' THEN
          IF PLD='1' THEN
           TMPB:="0001";TMPA:="0100";
          ELSIF ENB='1' THEN
           IF TMPA="0000" THEN
             IF TMPB/="0000" THEN
              TMPA:="1001";
              TMPB:=TMPB-1;
             ELSE
              TMPWARN:='1';
             END IF;
           ELSE TMPA:=TMPA-1;
             END IF;
            END IF;
        END IF;
        SSOUT<=TMPA; DDOUT<=TMPB; WARN<=TMPWARN;
      END PROCESS;
    END ARCHITECTURE ART;
```

编译成功后建立波形文件，根据篮球比赛 24 秒规则可能出现的各种情况，编辑输入信号的波形，编辑完成并保存文件后进行仿真。24 秒计时器的仿真波形如图 6-4 所示。

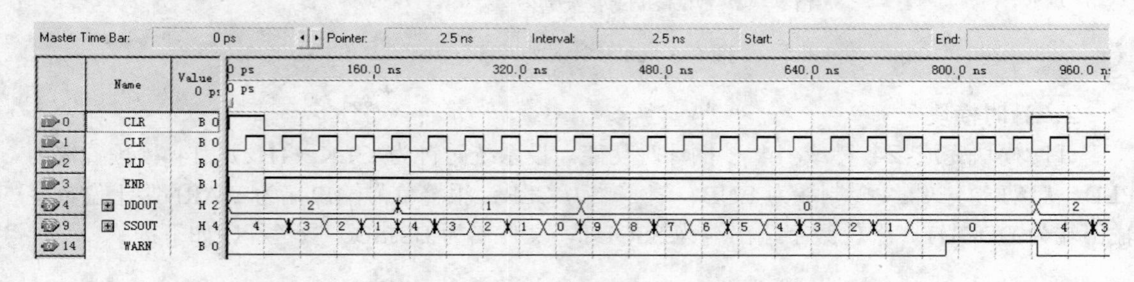

图 6-4　24 秒计时器的仿真波形

3．显示模块

由于用于显示的数码管较少，采用两个共阴极 7 段数码管静态显示方式实现。静态显示可使用简易数字频率计项目中设计的译码显示模块 DISP.VHD。

6.2.3　项目实现

1．顶层文件设计

这里采用元件例化语句连接各个模块的文本设计方式。

（1）新建项目。在项目建立向导的添加文件对话框中输入 BASKCOUNT.VHD（文件名），单击“Add”按钮，添加该文件；再单击添加文件对话框的 File name 右侧的按钮，选择 BSJSB.VHD 文件所在的文件夹，选中 BSJSB.VHD 文件，单击“Add”按钮，添加该文件；再次单击添加文件对话框的 File name 右侧的按钮，选择 DISP.VHD 文件所在的文件夹，选中 DISP.VHD 文件，单击“Add”按钮，添加 DISP.VHD 文件。

（2）建立文本文件，编辑顶层文件设计程序。在程序实体中定义整个系统的输入和输出，设系统时钟为 CLK（1Hz）、14 秒预置端为 PLD、启动/暂停/继续控制端为 ENB、清零端为 CLR；报警信号输出端为 WARN、显示输出信号为 S_0 和 S_1，接两个 7 段数码管；结构体中定义两个临时信号，代表十位数字输出端 DDOUT 和个位数字输出端 SSOUT；文件名为 BASKCOUNT。参考程序如下：

```
LIBRARY IEEE;
 USE IEEE.STD_LOGIC_1164.ALL;
ENTITY BASKCOUNT IS
  PORT(CLR,PLD,ENB,CLK: IN STD_LOGIC;
         WARN: OUT STD_LOGIC;
         S0,S1:OUT STD_LOGIC_VECTOR(6 DOWNTO 0));
END ENTITY BASKCOUNT;
ARCHITECTURE ART OF BASKCOUNT IS
 COMPONENT BSJSB IS
  PORT(CLR,PLD,ENB,CLK: IN STD_LOGIC;
         WARN: OUT STD_LOGIC;
         DDOUT : OUT STD_LOGIC_VECTOR(3 DOWNTO 0);
         SSOUT : OUT STD_LOGIC_VECTOR(3 DOWNTO 0));
 END COMPONENT BSJSB;
 COMPONENT DISP IS
  PORT (D : IN      STD_LOGIC_VECTOR(3 DOWNTO 0);
          S : OUT    STD_LOGIC_VECTOR(6 DOWNTO 0));
 END COMPONENT DISP;
 SIGNAL TEMPDD:STD_LOGIC_VECTOR(3 DOWNTO 0);
 SIGNAL TEMPSS:STD_LOGIC_VECTOR(3 DOWNTO 0);
  BEGIN
   U0:BSJSB PORT MAP(CLR,PLD,ENB,CLK, WARN,TEMPDD, TEMPSS);
   U1:DISP PORT MAP(TEMPDD,S0);
   U2:DISP PORT MAP(TEMPSS,S1);
 END ARCHITECTURE ART;
```

编译成功后建立波形文件，根据题意编辑输入信号的波形，编辑完成并保存文件后进行仿真。篮球比赛 24 秒计时器的仿真波形如图 6-5 所示。

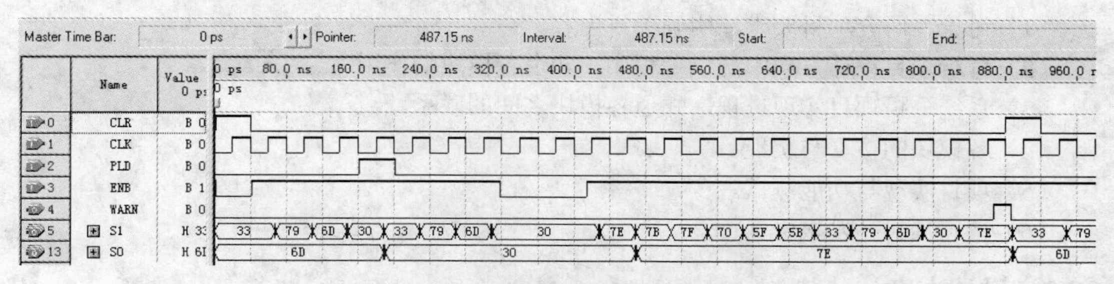

图 6-5　篮球比赛 24 秒计时器的仿真波形

2．系统的硬件验证

系统通过仿真后，选择可编程逻辑器件，锁定管脚，将篮球比赛 24 秒计时器编程下载到实验平台上的器件中，将实验平台上的开关按钮贴上标签，模拟篮球比赛的实际情况，操作计时器，评价其功能。

6.2.4 功能扩展与项目评价

1．功能扩展

在完成项目的任务要求后，考虑以下内容：

（1）增加 30 秒倒计时功能。

（2）将计时精度提高到 0.1 秒以上。

（3）倒计时的最后 5 秒，每减少 1 秒就发出 1 个提示信号。

2．项目评价

项目评价是在教师的主持下，通过项目负责人的讲解演示，评估项目的完成情况，评价内容如下：

（1）功能评价。篮球比赛计时器能否完成比赛计时、计时误差是多少、操作是否方便等方面。

（2）设计方案评价。设计方案的可行性如何、复杂程度如何、消耗的硬件资源是多少、有无实用价值等方面。

（3）设计程序评价。主要评价程序的可读性如何、算法是否简练、编写是否规范等方面。

（4）演示过程评价。主要评价演示过程中操作是否熟练、回答问题是否准确等方面。

6.3 节日彩灯控制器

6.3.1 项目说明

1．任务书

设计一个 12 路节日彩灯控制器，具体要求如下：

（1）有复位按键。

（2）能够手动选择快、慢两种闪动节奏。

（3）彩灯按照 4 种自动循环变化的花型闪烁。

2．计划书

（1）讨论、研究项目要求，明确项目内容。

（2）分析项目设计方案中的参考程序，知道各模块的作用。

（3）系统分析项目实现过程，知道各模块之间的联系。

（4）各模块的仿真与实现。

（5）项目实现与功能测试。

（6）撰写项目开发报告。

6.3.2 设计方案

1．项目分析

（1）整个系统应该有 3 个输入端和 12 个输出端，分别是系统复位信号输入端，设为

CLR；系统工作的时钟脉冲输入端，设为 CLK；彩灯闪动节奏手动控制输入端，设为CHOSE；控制 12 路彩灯的输出端，设为 LED（共 12 位）。

（2）彩灯工作的时钟脉冲频率高，彩灯闪动节奏快；频率低，彩灯闪动节奏慢。利用分频器将系统时钟脉冲 CLK 分成高低两个频率，由手动按键 CHOSE 选择输出频率，节奏快输出高频率、节奏慢输出低频率。

（3）利用 4 个 12 位常数预定义 4 种花型，在花型状态信号的控制下运行；每种花型运行结束后，将另一种花型存入花型状态信号，这样实现花型的自动循环。

综上所述，整个系统可分成时序控制和显示控制两个模块，每个模块在复位信号的控制下工作。系统框图如图 6-6 所示。

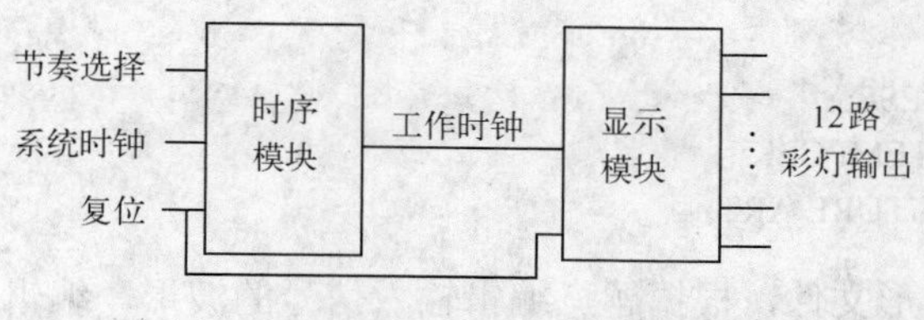

图 6-6　节日彩灯控制器系统框图

2. 时序控制模块

在模块中设计 4 分频和 6 分频两个分频器，设 CHOSE=1 时，选择快节奏，时序控制模块 CLKOUT 输出系统时钟脉冲的 4 分频；CHOSE=0 时，选择慢节奏，时序控制模块 CLKOUT 输出系统时钟脉冲的 6 分频。模块的输入端口有 CLR（复位）、CLK（系统时钟脉冲）、CHOSE（节奏选择）；输出端口为 CLKOUT（工作时钟脉冲）；文件名为 SXBLOCK。参考程序如下：

```
LIBRARY IEEE;
 USE IEEE.STD_LOGIC_1164.ALL;
 USE IEEE.STD_LOGIC_UNSIGNED.ALL;
ENTITY SXBLOCK IS
  PORT(CHOSE:IN STD_LOGIC;
      CLR,CLK:IN STD_LOGIC;
      CLKOUT:OUT STD_LOGIC);
END ENTITY SXBLOCK;
ARCHITECTURE ART OF SXBLOCK IS
  SIGNAL TEMPCLK:STD_LOGIC;
  BEGIN
    PROCESS(CLK,CLR,CHOSE) IS
     VARIABLE TEMP:STD_LOGIC_VECTOR(2 DOWNTO 0);
    BEGIN
      IF CLR='1' THEN   TEMPCLK<='0';TEMP:="000";
      ELSIF RISING_EDGE(CLK) THEN
        IF CHOSE='1' THEN
          IF TEMP="001" THEN           --计数到（N/2）-1（N=4）就清零
           TEMP:="000";
           TEMPCLK<=NOT TEMPCLK;
```

```
            ELSE
             TEMP:=TEMP+'1';
            END IF;
          ELSE
            IF TEMP="010" THEN                  --计数到（N/2）-1（N=6）就清零
             TEMP:="000";
             TEMPCLK<=NOT TEMPCLK;
            ELSE
             TEMP:=TEMP+'1';
            END IF;
          END IF;
       END IF;
     END PROCESS;
    CLKOUT<=TEMPCLK;
END ARCHITECTURE ART;
```

编译成功后建立波形文件，根据题意编辑输入信号的波形，编辑完成并保存文件后进行仿真。时序控制模块的仿真波形如图 6-7 所示。

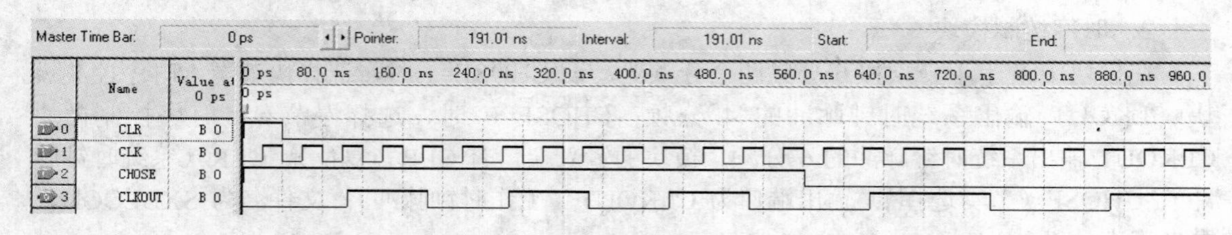

图 6-7　时序控制模块的仿真波形

3．显示控制模块

在模块中定义 4 个常量（F0、F1、F2、F3），代表 4 种花型；自定义只有 5 种取值的枚举数组类型（STATE），用于记录当前的 4 种花型和 1 个高阻状态（复位状态）。模块的输入端口有 CLR（复位）、CLKIN（工作时钟脉冲）；输出端口为 LED（12 位）；文件名为 XSBLOCK。参考程序如下：

```
LIBRARY IEEE;
 USE IEEE.STD_LOGIC_1164.ALL;
ENTITY XSBLOCK IS
 PORT(CLKIN:IN STD_LOGIC;
        CLR:IN STD_LOGIC;
        LED:OUT STD_LOGIC_VECTOR(11 DOWNTO 0));
END ENTITY XSBLOCK;
ARCHITECTURE ART OF XSBLOCK IS
 TYPE STATE IS(S0,S1,S2,S3,S4);
  SIGNAL CURRSTATE:STATE;
  SIGNAL FLOWER:STD_LOGIC_VECTOR(11 DOWNTO 0);
 BEGIN
  PROCESS(CLR,CLKIN) IS
```

```
    CONSTANT F1:STD_LOGIC_VECTOR(11 DOWNTO 0):="000100010001";
    CONSTANT F2:STD_LOGIC_VECTOR(11 DOWNTO 0):="001100110011";
    CONSTANT F3:STD_LOGIC_VECTOR(11 DOWNTO 0):="101010101010";
    CONSTANT F4:STD_LOGIC_VECTOR(11 DOWNTO 0):="110100101101";
  BEGIN
    IF CLR='1' THEN
      CURRSTATE<=S0;
     ELSIF RISING_EDGE(CLKIN) THEN
       CASE CURRSTATE IS
         WHEN S0=>
           FLOWER<="000000000000";
           CURRSTATE<=S1;
         WHEN S1=>
              FLOWER<=F1;
              CURRSTATE<=S2;
         WHEN S2=>
              FLOWER<=F2;
              CURRSTATE<=S3;
         WHEN S3=>
              FLOWER<=F3;
              CURRSTATE<=S4;
         WHEN S4=>
              FLOWER<=F4;
              CURRSTATE<=S1;
       END CASE;
   END IF;
 END PROCESS;
   LED<=FLOWER;
END ARCHITECTURE ART;
```

编译成功后建立波形文件，根据题意编辑输入信号的波形，编辑完成并保存文件后进行仿真。显示控制模块的仿真波形如图 6-8 所示。

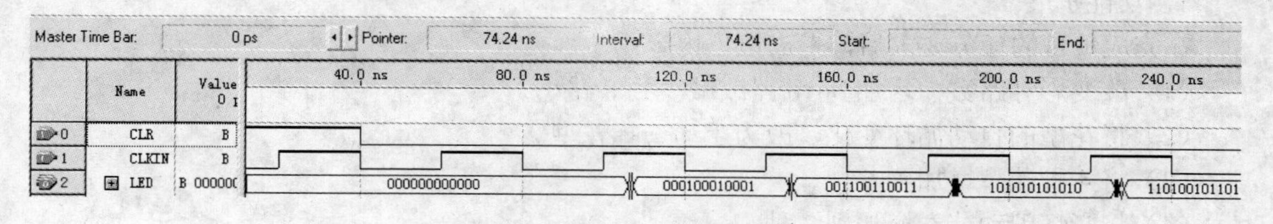

图 6-8　显示控制模块的仿真波形

6.3.3　项目实现

1．顶层文件设计

这里采用原理图设计方式。

（1）分别在时序控制模块和显示控制模块项目下，生成时序控制模块元件（SXBLOCK.

BSF）和显示控制模块元件（XSBLOCK.BSF）。

（2）新建项目。在项目建立向导的添加文件对话框中输入 JRCD.bdf（文件名），单击“Add”按钮，添加该文件；单击添加文件对话框的 File name 右侧的按钮，添加 SXBLOCK.VHD 文件；再次单击添加文件对话框的 File name 右侧的按钮，添加 XSBLOCK.VHD 文件。

（3）建立图形编辑文件，调入相关元件，连接完成后的电路原理图如图 6-9 所示。

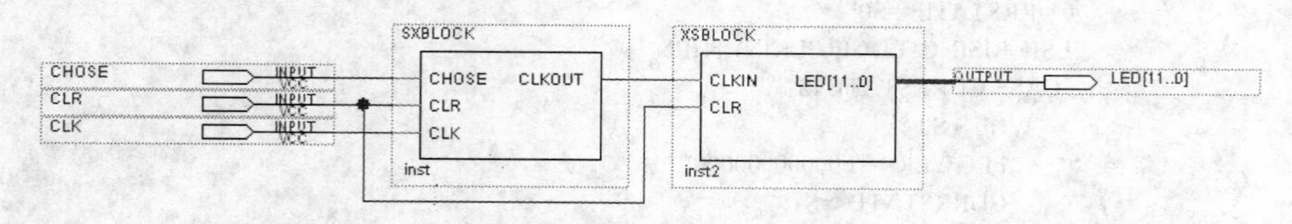

图 6-9　12 路节日彩灯控制器原理图

编译成功后建立波形文件，根据题意编辑输入信号的波形，编辑完成并保存文件后进行仿真。12 路节日彩灯控制器的仿真波形如图 6-10 所示。

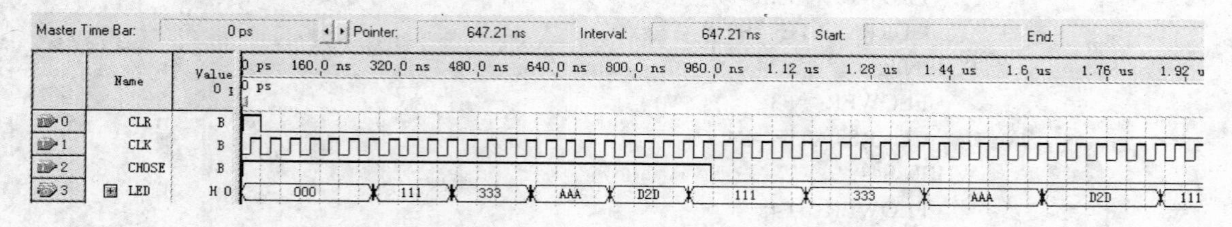

图 6-10　12 路节日彩灯控制器的仿真波形

2．系统的硬件验证

系统通过仿真后，可根据 EDA 实验开发平台的实际情况，选择可编程逻辑器件，锁定管脚进行编程下载，在实验平台上验证系统的功能。

6.3.4　功能扩展与项目评价

1．功能扩展

在完成项目的任务要求后，考虑以下内容：

（1）改变彩灯路数，增加到 16 路或减少到 8 路。

（2）将花型的自动循环变化，改为手动选择花型。

（3）将 4 种花型增加到 6 种。

（4）将彩灯闪动节奏增加到 3 种。

2．项目评价

评价重点是设计方案评价和研发报告的评价，主要评价以下几个方面：

（1）功能评价。主要评价能否实现项目功能、操作是否方便等方面。

（2）设计方案评价。主要评价设计方案的优势和缺陷，有无实用价值等方面。

（3）研发报告评价。主要评价报告文档内容是否完整、分析是否全面、结构是否合理、文字是否通顺、编辑排版是否规范等方面。

（4）论述答辩过程评价。主要评价答辩过程中思路是否清晰、回答是否简洁准确、语言是否流畅、对设计方案的不足有无认识等方面。

6.4 电子密码锁

6.4.1 项目说明

1．任务书

设计一个具有 4×3 扫描键盘（不需要去抖动）、4 个数码管动态显示，能够设置和输入 4 位密码的电子密码锁，具体要求如下：

（1）每按下一个数字键，就输入一个数码，并在 4 个数码管的最右方显示出该数值，同时将先前输入的数据依序左移一位。

（2）有数码清除键，按下该键可清除前面所有的输入数码，清除后数码管显示“0000”。

（3）有密码设置键，在锁开的状态下，按下该键，会将当前数码管显示的数字设置成新密码。

（4）有密码锁锁定键，按下该键可将密码锁上锁。

（5）有密码锁开锁键，按下该键，会检查输入的密码是否正确，密码正确即开锁。

（6）为保证密码锁主人能够随时开锁，设有万能密码（3581），用于解除其他人设置的密码。

2．计划书

（1）讨论、分析项目要求，明确项目内容。

（2）检索阅读相关的参考资料，研究项目设计方案。

（3）制订计划并分组后，实现设计方案中的各个模块。

（4）完成项目并测试功能。

（5）撰写项目开发报告。

（6）项目演示、讲解设计方案，完成项目评价。

6.4.2 设计方案

1．项目分析

整个系统可分为输入模块、控制模块和显示模块 3 个部分，系统框图如图 6-11 所示。

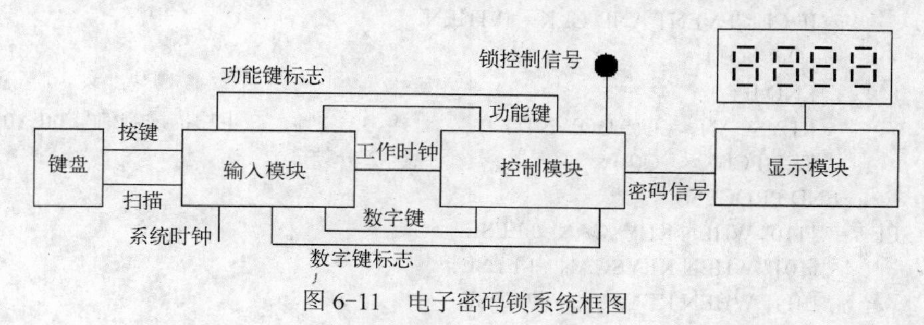

图 6-11 电子密码锁系统框图

2．输入模块

输入模块外接的一个 4×3 矩阵式键盘，数字 0～9 作为密码数字输入按键，功能按键〈*〉作为密码锁锁定键，功能按键〈#〉作为密码锁开锁键/数码清除键，密码正确，开锁后清除输入的数码；密码不正确，不开锁直接清除输入的数码。输入模块需要产生键盘扫描信号和控制模块工作时钟信号，并对输入的按键信号进行译码。设系统时钟脉冲为 CLK（1kHz）、按键输入端为 KEYIN；键盘扫描信号输出端为 SCAN、数字按键输出端为 DATAOUT、功能按键输出端为 FUNOUT、数字键输出标志为 DF、功能键输出标志为 FF、控制电路工作时钟输出端为 CLKOUT；文件名为 INPUTBLOCK。参考程序如下：

```
LIBRARY  IEEE;
 USE IEEE.STD_LOGIC_1164.ALL;
 USE IEEE.STD_LOGIC_ARITH.ALL;
 USE IEEE.STD_LOGIC_UNSIGNED.ALL;
ENTITY  INPUTBLOCK  IS
PORT (CLK : IN STD_LOGIC;                                          --系统时钟脉冲
     KEYIN : IN STD_LOGIC_VECTOR (2 DOWNTO 0);                     --按键输入
       SCAN : OUT   STD_LOGIC_VECTOR (3 DOWNTO 0) ;
  DATAOUT : OUT STD_LOGIC_VECTOR(3 DOWNTO 0) ;                     --数字输出
   FUNOUT : OUT STD_LOGIC_VECTOR(3 DOWNTO 0) ;                     --功能输出
         DF : OUT STD_LOGIC ;                                      --数字输出标志
         FF : OUT STD_LOGIC ;                                      --功能输出标志
   CLKOUT : OUT STD_LOGIC);                                        --控制电路工作时钟信号
END ENTITY INPUTBLOCK;
ARCHITECTURE ART OF INPUTBLOCK IS
 SIGNAL TEMPCLK : STD_LOGIC ;                                 --控制电路工作时钟信号寄存器
 SIGNAL KEYSCAN : STD_LOGIC_VECTOR(1 DOWNTO 0);               --扫描控制信号寄存器
 SIGNAL N , F : STD_LOGIC_VECTOR(3 DOWNTO 0) ;                --数字、功能按键译码值的寄存器
 SIGNAL TEMPDF , TEMPFF : STD_LOGIC ;                         --数字、功能按键标志值的寄存器
 BEGIN
   COUNTER : BLOCK IS                                         --扫描信号发生块
     SIGNAL Q : STD_LOGIC_VECTOR(5 DOWNTO 0);
     SIGNAL SEL : STD_LOGIC_VECTOR (3 DOWNTO 0);                --扫描控制信号寄存器
      BEGIN
         PROCESS (CLK) IS
         BEGIN
         IF CLK'EVENT AND CLK ='1' THEN
          Q <= Q+1;
         END IF;
         KEYSCAN <= Q(5 DOWNTO 4) ;          -- 32 分频，产生扫描控制信号 00→01→10→11
         TEMPCLK <= Q(0) ;                   --2 分频
       END PROCESS;
 SEL <= "1110" WHEN KEYSCAN=0 ELSE
        "1101" WHEN KEYSCAN =1 ELSE
        "1011" WHEN KEYSCAN =2 ELSE
```

```
            "0111" WHEN KEYSCAN =3 ELSE
            "1111";
   SCAN <= SEL;                          --扫描信号 1110→1101→1011→0111
  END BLOCK COUNTER;
  KEYDECODER : BLOCK   IS           --键盘译码块
   SIGNAL Z : STD_LOGIC_VECTOR(4 DOWNTO 0) ;          --按键信号寄存器
     BEGIN
      PROCESS(TEMPCLK)
         BEGIN
          Z <=KEYSCAN & KEYIN;
          IF TEMPCLK'EVENT   AND TEMPCLK = '1'   THEN
            CASE Z IS
            WHEN "11101" => N <= "0000" ;     --0
            WHEN "00011" => N <= "0001" ;     --1
            WHEN "00101" => N <= "0010" ;     --2
            WHEN "00110" => N <= "0011" ;     --3
            WHEN "01011" => N <= "0100" ;     --4
            WHEN "01101" => N <= "0101" ;     --5
            WHEN "01110" => N <= "0110" ;     --6
            WHEN "10011" => N <= "0111" ;     --7
            WHEN "10101" => N <= "1000" ;     --8
            WHEN "10110" => N <= "1001" ;     --9
            WHEN OTHERS   => N <= "1111" ;
           END CASE ;
          END IF ;
          IF TEMPCLK'EVENT   AND TEMPCLK = '1'   THEN
           CASE   Z IS
            WHEN "11011" => F <= "0100" ;                --密码锁锁定键*
            WHEN "11110" => F <= "0001" ;                --密码锁开锁键#
            WHEN OTHERS   => F <= "1000" ;
            END CASE ;
          END IF ;
        END PROCESS ;
      TEMPDF <= NOT ( N(3) AND N(2) AND N(1) AND N(0) ) ;
      TEMPFF <= F(2) OR F(0) ;
     END BLOCK KEYDECODER ;
   DATAOUT<= N;
   FUNOUT<= F;
   DF<= TEMPDF;
   FF<= TEMPFF;
   CLKOUT <= TEMPCLK ;
  END ARCHITECTURE ART;
```

编译成功后建立波形文件，根据题意编辑输入信号的波形，编辑完成并保存文件后进行仿真。输入模块的仿真波形如图 6-12 所示。

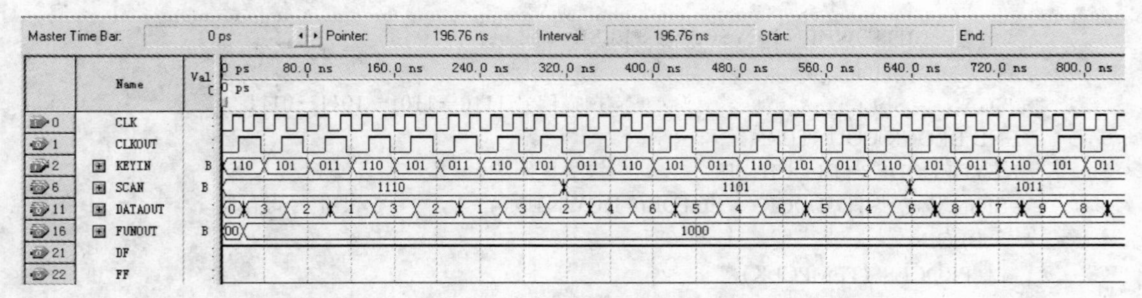

图 6-12　输入模块的仿真波形

3．控制模块

控制模块包括按键数据的缓冲存储、密码的清除修改、密码核对、锁控制（锁定/开锁）、万能密码（3581）设置等部分，能够实现以下功能：

（1）如果按下数字键，第一个数字会从数码管的最右端开始显示，此后每新按一个数字时，数码管上的数字必须左移 1 位，以便将新的数字显示出来。

（2）要更改输入的数字，按功能键〈#〉清除所有输入的数字，再重新输入 4 位数。

（3）当输入的数字超过 4 个时，电路不予理会，也不再显示第 4 个以后的数码。

（4）在锁打开的状态下，输入一个 4 位的数字，按下密码锁锁定键〈*〉，可将密码锁锁定，并将输入的 4 位数字作为密码自动存储。

（5）在锁锁定的状态下，输入一个 4 位数字，按下密码锁开锁键〈#〉，检查输入的密码是否正确，若密码正确则开锁；输入的密码不正确，不开锁并清除密码。

设工作时钟输入端为 CLKIN、数字按键输入端为 DATAIN、功能按键输入端为 FUNIN、数字键输入标志为 DFIN、功能键输入标志为 FFIN；锁控制信号 ENLOCK（1 锁定、0 开锁）、密码信号输出端为 KEYBCD；文件名为 CTRLBLOCK。参考程序如下：

```
LIBRARY IEEE;
 USE IEEE.STD_LOGIC_1164.ALL;
 USE IEEE.STD_LOGIC_ARITH.ALL;
 USE IEEE.STD_LOGIC_UNSIGNED.ALL;
ENTITY CTRLBLOCK IS
 PORT (DATAIN : IN STD_LOGIC_VECTOR(3 DOWNTO 0);
        FUNIN : IN STD_LOGIC_VECTOR(3 DOWNTO 0);
        DFIN : IN STD_LOGIC;
        FFIN : IN STD_LOGIC;
        CLKIN : IN STD_LOGIC;
        ENLOCK : OUT STD_LOGIC;
        KEYBCD : OUT STD_LOGIC_VECTOR (15 DOWNTO 0));
END ENTITY CTRLBLOCK ;
ARCHITECTURE ART OF CTRLBLOCK IS
 SIGNAL ACC, REG: STD_LOGIC_VECTOR (15 DOWNTO 0);   --ACC 用于暂存键盘输入的信
息，REG 用于存储输入的密码
 SIGNAL NC: STD_LOGIC_VECTOR (2 DOWNTO 0);
 SIGNAL RR2, BB, QA, QB: STD_LOGIC;
 SIGNAL R1, R0: STD_LOGIC;
```

```
BEGIN
 PROCESS(CLKIN)                                    --寄存器清零信号的产生进程
 BEGIN
  IF CLKIN'EVENT AND CLKIN='1' THEN
   R1<=R0; R0<=FFIN;
  END IF;
  RR2<=R1 AND NOT R0;
END PROCESS;
KEYINPUT : BLOCK IS                                --按键输入数据的存储、清零块
 SIGNAL RST, D0, D1: STD_LOGIC ;
  BEGIN
   RST <= RR2;
PROCESS(DFIN, RST) IS
 BEGIN
  IF RST = '1' THEN
   ACC <= "0000000000000000" ;                     --按键输入数据清零
   NC <= "000" ;
  ELSE
   IF    DFIN'EVENT AND DFIN = '1'    THEN
    IF NC < 4 THEN
      ACC <= ACC(11 DOWNTO 0) & DATAIN ;       --按键输入数据左移
      NC <= NC + 1 ;
    END IF;
   END IF ;
  END IF ;
END PROCESS ;
END BLOCK KEYINPUT ;
LOCKCTRL : BLOCK IS                                          --锁定/开锁控制块
 BEGIN
  PROCESS(CLKIN, FUNIN) IS
   BEGIN
    IF (CLKIN'EVENT AND CLKIN = '1') THEN
     IF NC = 4    THEN
       IF FUNIN(2) = '1' THEN            --锁定控制信号（0100）有效
        REG <= ACC ;                     --密码存储
        QA <= '1' ;    QB <= '0';        --锁定
       ELSIF FUNIN(0) = '1' THEN         --开锁控制信号（0001）有效
        IF    REG = ACC THEN             --密码核对
         QA<= '0';    QB <= '1' ;        --开锁
        END IF ;
       ELSIF    ACC = "0011010110000001" THEN      --设置“3581”为万能密码
       QA <= '0' ;    QB<= '1';          --开锁
       END IF ;
     END IF;
    END IF ;
  END PROCESS ;
 END BLOCK LOCKCTRL ;
```

```
    ENLOCK <= QA AND NOT QB ;         --输出锁定信号，1 锁定、0 开锁
    KEYBCD<= ACC ;                    --输出密码信息
  END ARCHITECTURE ART;
```

编译成功后建立波形文件，先编辑信号 DATAIN 的波形，依次输入 0～6，前 4 个“0123”就是密码，左移显示，以后输入的“456”不会显示；再编辑 FUNIN 的波形，在 DATAIN 输入 0～6 时，FUNIN 输入“1000”，表示没有按下功能键，然后输入“0100”表示按下锁定键〈*〉，这时密码锁输出信号 ENLOCK 应为高电平，表示密码锁锁定；间隔几个时钟周期后，给 DATAIN 输入“0123”，同时给 FUNIN 输入“1000”，表示没有按下功能键；在开锁密码输入完毕后，给 FUNIN 输入“0001”表示按下开锁键〈#〉，这时密码锁输出信号 ENLOCK 应为低电平，表示已经开锁。密码锁定和密码开锁操作的仿真波形如图 6-13 所示。

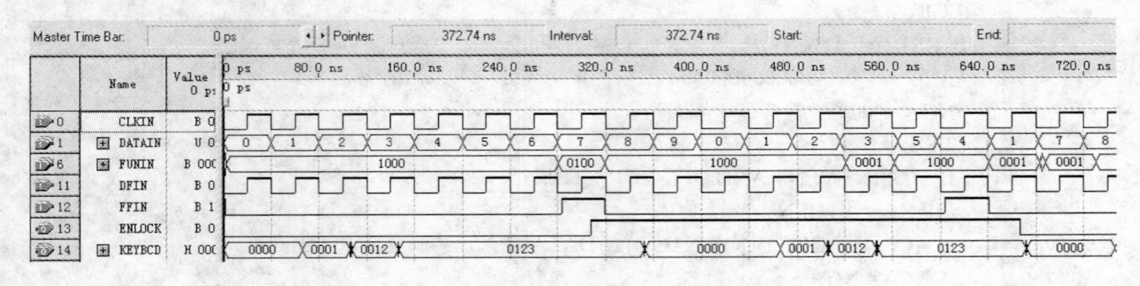

图 6-13　密码锁定和密码开锁操作的仿真波形

使用密码锁定和开锁操作成功后，仿真输入万能密码的情况。给 DATAIN 输入密码“0123”，给 FUNIN 输入“0100”，锁定密码锁；间隔几个时钟周期后，给 DATAIN 输入“3581”，再给 FUNIN 输入“0001”开锁，这时密码锁输出信号 ENLOCK 应为低电平，表示已经开锁。密码锁定和万能密码开锁操作的仿真波形如图 6-14 所示。

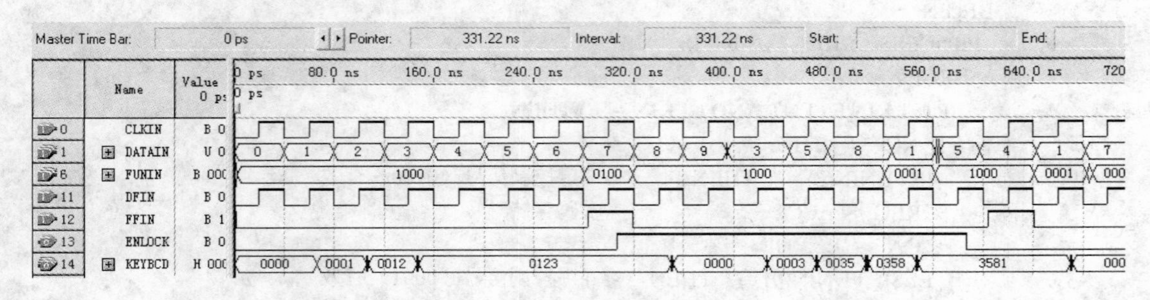

图 6-14　密码锁定和万能密码开锁操作的仿真波形

4．显示模块

采用 4 个共阴接法的 7 段数码管动态显示，可使用第 5 章的动态显示程序 DDISP.VHD。

6.4.3　项目实现

1．顶层文件设计

这里采用文本设计方式，文件名为 KEYLOCK。

（1）新建项目。在项目建立向导的添加文件对话框中输入 KEYLOCK.VHD（文件名），单击“Add”按钮，添加该文件，然后依次添加输入模块 INPUTBLOCK.VHD 和控制模块 CTRLBLOCK.VHD；再单击添加文件对话框的 File name 右侧的按钮，添加第 5 章的动态显示程序 DDISP.VHD 文件。

（2）建立文本文件，编辑顶层文件。实体中定义整个系统的输入和输出，设系统时钟脉冲为 CLK（1kHz）、按键输入信号为 KEYIN；键盘行扫描信号为 SCAN、锁控制信号 ENLOCK、数码管选通信号 COM、7 段数码管显示驱动端 SEG；再定义几个临时信号，代表模块之间的连线。参考程序如下：

```
LIBRARY IEEE;
  USE IEEE.STD_LOGIC_1164.ALL;
ENTITY KEYLOCK IS
  PORT (CLK   :  IN     STD_LOGIC;                                  --系统时钟脉冲
        KEYIN : IN     STD_LOGIC_VECTOR (2 DOWNTO 0);             --按键输入
        SCAN : OUT    STD_LOGIC_VECTOR (3 DOWNTO 0) ;             --扫描信号
        ENLOCK : OUT STD_LOGIC;
        COM : OUT STD_LOGIC_VECTOR(3 DOWNTO 0);                   --数码管的选通信号
        SEG : OUT STD_LOGIC_VECTOR(6 DOWNTO 0));
END ENTITY KEYLOCK;
ARCHITECTURE ART OF KEYLOCK IS
 COMPONENT INPUTBLOCK IS
  PORT (CLK : IN     STD_LOGIC;                                   --系统时钟脉冲
       KEYIN : IN     STD_LOGIC_VECTOR (2 DOWNTO 0);              --按键输入
        SCAN : OUT    STD_LOGIC_VECTOR (3 DOWNTO 0) ;
     DATAOUT : OUT STD_LOGIC_VECTOR(3 DOWNTO 0) ;                 --数字输出
      FUNOUT : OUT STD_LOGIC_VECTOR(3 DOWNTO 0) ;                 --功能输出
          DF : OUT STD_LOGIC ;                                    --数字输出标志
          FF : OUT STD_LOGIC ;                                    --功能输出标志
      CLKOUT : OUT STD_LOGIC);                                    --控制电路工作时钟信号
 END COMPONENT INPUTBLOCK;
 COMPONENT CTRLBLOCK IS
  PORT (DATAIN : IN STD_LOGIC_VECTOR(3 DOWNTO 0);
         FUNIN : IN STD_LOGIC_VECTOR(3 DOWNTO 0);
          DFIN : IN STD_LOGIC;
          FFIN : IN STD_LOGIC;
         CLKIN : IN STD_LOGIC;
        ENLOCK : OUT STD_LOGIC;
        KEYBCD : OUT STD_LOGIC_VECTOR (15 DOWNTO 0));
 END COMPONENT CTRLBLOCK;
 COMPONENT DDISP IS
  PORT ( CLK : IN STD_LOGIC;
          A   : IN STD_LOGIC_VECTOR(3 DOWNTO 0);
          B   : IN STD_LOGIC_VECTOR(3 DOWNTO 0);
          C   : IN STD_LOGIC_VECTOR(3 DOWNTO 0);
          D   : IN STD_LOGIC_VECTOR(3 DOWNTO 0);                  --A、B、C、D 为显示数据
        COM : OUT STD_LOGIC_VECTOR(3 DOWNTO 0);                   --数码管的选通信号
```

```
            SEG : OUT STD_LOGIC_VECTOR(6 DOWNTO 0));    --数码管的显示驱动信号
    END COMPONENT DDISP;
    SIGNAL TMDAT : STD_LOGIC_VECTOR(3 DOWNTO 0);
    SIGNAL TMFUN : STD_LOGIC_VECTOR(3 DOWNTO 0);
    SIGNAL TMD : STD_LOGIC ;
    SIGNAL TMF : STD_LOGIC ;
    SIGNAL TMCLK : STD_LOGIC ;
    SIGNAL TMKEY : STD_LOGIC_VECTOR (15 DOWNTO 0);
    BEGIN
      U0: INPUTBLOCK PORT MAP(CLK,KEYIN,SCAN,TMDAT,TMFUN,TMD,TMF, TMCLK);
      U1: CTRLBLOCK PORT MAP(TMDAT,TMFUN,TMD,TMF,TMCLK, ENLOCK, TMKEY);
      U2: DDISP PORT MAP(TMCLK,TMKEY(3 DOWNTO 0),TMKEY(7 DOWNTO 4),TMKEY(11
                                DOWNTO 8), TMKEY (15 DOWNTO 12),COM,SEG);
  END ARCHITECTURE ART;
```

2．系统的硬件验证

系统通过仿真后，根据 EDA 实验开发平台的实际情况，选择可编程逻辑器件，锁定管脚进行编程下载。验证电子密码锁功能时，先输入数码，观察显示数码管，这时按动〈#〉键，能够清除输入的数码；再输入数码，数码能够左移显示，并且只显示前 4 个数码，记录这 4 个作为密码的数码，按动〈*〉键，锁控制信号应为高电平，表示密码锁锁定；输入记录的密码或输入万能密码（3581），按动〈#〉键，锁控制信号应为低电平，表示密码锁开锁，同时清除显示的密码。

6.4.4　功能扩展与项目评价

1．功能扩展

在完成项目的任务要求后，考虑以下内容：

（1）增加密码位数。

（2）输入的数码能够按位删除，而不是全部删除。

（3）记录输入错误密码的次数，超过一定次数，发出报警信号，不再比较输入密码是否正确。

2．项目评价

评价重点是项目的研究能力和综合设计能力，主要评价以下几个方面：

（1）信息获取和归纳能力。评价获取信息的数量、途径，以及获取的信息质量，能否将获取的信息总结归纳。

（2）方案的研究能力。能否找到系统设计的重点和难点，能否实现已有的设计方案，并指出其设计特点。

（3）功能评价。主要评价密码锁使用是否方便、题目要求的功能能否实现、密码锁工作是否稳定可靠等方面。

（4）研发报告评价。主要评价报告内容是否完整、对已有设计方案的分析和描述是否准确、实现方案有无创新、报告文字是否通顺、编辑排版是否规范等。

（5）答辩过程评价。主要评价对设计方案的理解程度如何？思路是否清晰？回答问题是否准确？语言是否流畅等。

6.5 智力竞赛抢答器

6.5.1 项目说明

1．任务书

设计一个可容纳 3 组参赛者的智力竞赛器，具体要求如下：

（1）每组设置一个按钮供抢答使用。抢答器具有第一信号鉴别功能，用指示灯显示第一抢答者的组别。

（2）设置一个主持人复位按钮，主持人按动复位按钮后，显示抢答组别的 3 个指示灯熄灭；主持人宣读题目，如果有选手提前抢答（对应的组别指示灯亮），视为犯规。

（3）设置一个计时电路，由主持人可分别预先设置 59 秒、39 秒和 19 秒 3 种答题时间，答题超时视为犯规。

（4）每组设置一个计分电路，由主持人记分，答对一次加 1 分，答错和犯规不减分，但失去下一题的抢答机会；满分为 9 分，积满 9 分的选手本轮胜出，清零后开始下一轮抢答。

2．计划书

（1）讨论、分析项目要求，明确项目内容。

（2）检索阅读相关的参考资料，研究项目设计方案。

（3）制定计划并分组后，实现设计方案中的各个模块。

（4）完成项目并测试功能。

（5）撰写项目开发报告。

（6）项目演示、讲解设计方案，完成项目评价。

6.5.2 设计方案

1．项目分析

整个系统可分为第一信号鉴别模块、答题计时模块、计分模块和显示模块 4 个部分，如图 6-15 所示。

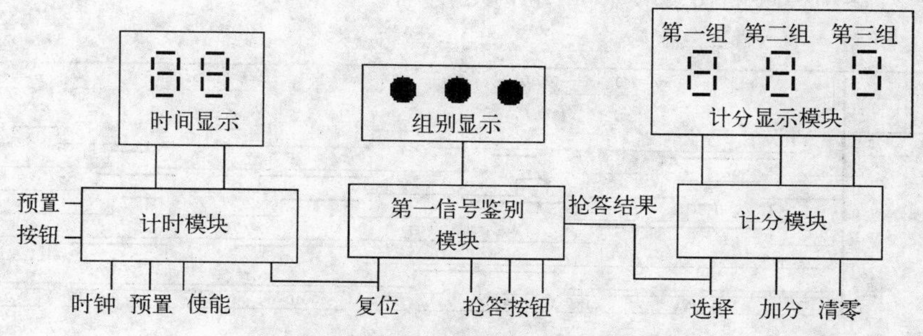

图 6-15 智力竞赛抢答器系统框图

2．第一信号鉴别模块

3 组抢答理论上应该有 8 种可能情况，但由于芯片的速度非常快，两组以上同时抢答成功的可能性极小，因此可设计成只有 3 种情况，简化电路的复杂性。抢答按钮带自锁功能，按下即锁定，再次按下才能抬起。设复位端为 RESET、抢答按钮分别为 A、B、C；输出到组别显示的信号为 SA、SB、SC；输出到计分模块的抢答结果为 STATES；文件名为 XHJB。参考程序如下：

```
LIBRARY IEEE;
 USE IEEE.STD_LOGIC_1164.ALL;
ENTITY XHJB IS
  PORT(RESET:   IN STD_LOGIC;
       A, B, C:   IN STD_LOGIC;
       SA,SB,SC:   OUT STD_LOGIC;
       STATES:   OUT STD_LOGIC_VECTOR(2 DOWNTO 0));
END ENTITY XHJB;
ARCHITECTURE ART OF XHJB IS
  CONSTANT W1: STD_LOGIC_VECTOR:="001";
  CONSTANT W2: STD_LOGIC_VECTOR:="010";
  CONSTANT W3: STD_LOGIC_VECTOR:="100";
  SIGNAL W: STD_LOGIC_VECTOR(2 DOWNTO 0);
  BEGIN
   PROCESS(RESET,A,B,C) IS
    BEGIN
     IF RESET='1' THEN W<="000"; SA<='0';SB<='0'; SC<='0';
      ELSIF (A='1'AND B='0'AND C='0') THEN
       SA<='1';   SB<='0'; SC<='0'; W<=W1;
      ELSIF (A='0'AND B='1'AND C='0') THEN
       SA<='0';   SB<='1'; SC<='0'; W<=W2;
      ELSIF (A='0'AND B='0'AND C='1') THEN
      SA<='0';   SB<='0'; SC<='1'; W<=W3;
     END IF;
   STATES<=W;
  END PROCESS;
END ARCHITECTURE ART;
```

编译成功后建立波形文件，根据题意编辑输入信号的波形，编辑完成并保存文件后进行仿真。第一信号鉴别模块的仿真波形如图 6-16 所示。

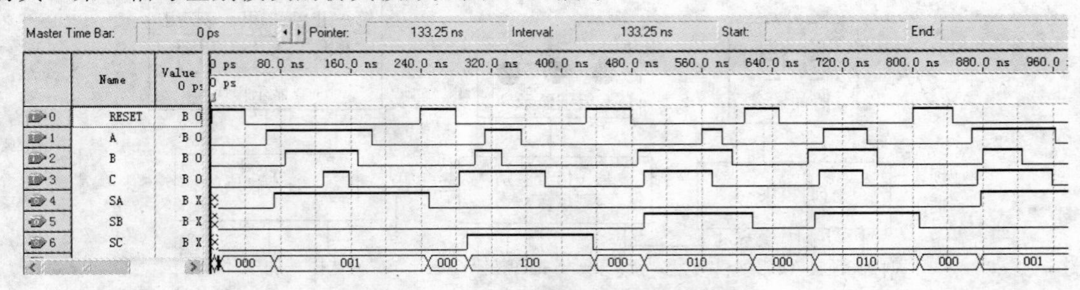

图 6-16　第一信号鉴别模块的仿真波形

3．计分模块

采用十进制加法计数器，主持人根据选手答题情况，按动加分按钮，每次可给答题组加 1 分；按动清零按钮，所有答题组的分数清零，开始下轮抢答。设清零端为 CLR、加分按钮为 ADD、选择端为 CHOSE；输出到计分显示模块的信号为 AA、BB、CC；文件名为

JFBLOCK。参考程序如下：

```
LIBRARY IEEE;
 USE IEEE.STD_LOGIC_1164.ALL;
 USE IEEE.STD_LOGIC_UNSIGNED.ALL;
ENTITY JFBLOCK IS
  PORT(CLR,ADD: IN STD_LOGIC;
         CHOSE: IN STD_LOGIC_VECTOR(2 DOWNTO 0);
      AA,BB,CC: OUT STD_LOGIC_VECTOR(3 DOWNTO 0));
END ENTITY JFBLOCK ;
ARCHITECTURE ART OF JFBLOCK IS
 BEGIN
  PROCESS(CLR,ADD,CHOSE) IS
    VARIABLE TEMPAA: STD_LOGIC_VECTOR(3 DOWNTO 0);
    VARIABLE TEMPBB: STD_LOGIC_VECTOR(3 DOWNTO 0);
    VARIABLE TEMPCC: STD_LOGIC_VECTOR(3 DOWNTO 0);
  BEGIN
    IF (ADD'EVENT AND ADD='1')    THEN
      IF CLR='1' THEN
         TEMPAA:="0000";
         TEMPBB:="0000";
         TEMPCC:="0000";
      ELSIF CHOSE="001" THEN
         TEMPAA:=TEMPAA+'1';
      ELSIF CHOSE="010" THEN
         TEMPBB:=TEMPBB+'1';
      ELSIF CHOSE="100" THEN
         TEMPCC:=TEMPCC+'1';
     END IF;
    END IF;
    AA<=TEMPAA;
    BB<=TEMPBB;
    CC<=TEMPCC;
  END PROCESS;
END ARCHITECTURE ART;
```

编译成功后建立波形文件，根据题意编辑输入信号的波形，编辑完成并保存文件后进行仿真。计分模块的仿真波形如图 6-17 所示。

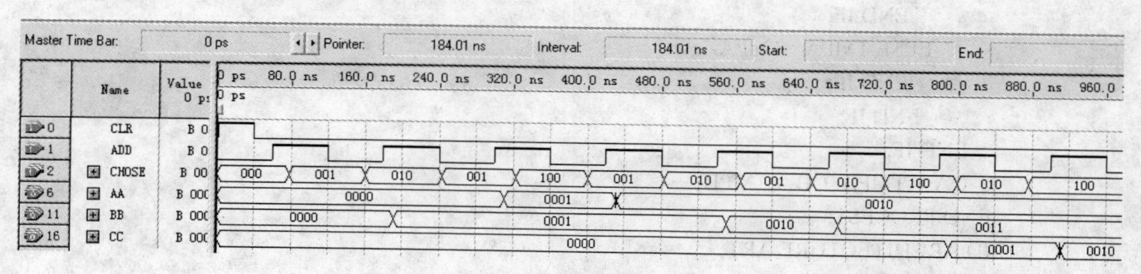

图 6-17　计分模块的仿真波形

4．计时模块

主持人复位后，按下预置按钮，可设置答题时间为 19 秒或 39 秒，若没有设置答题时间，则限定在 59 秒以内；抬起预置按钮，按下计时使能按钮，开始倒计时，时间结束时显示 00，直到下次按动复位键。设系统工作时钟为 CLK（1Hz）、复位端为 RESET、计时使能端为 EN、预置端为 LDN、预置按钮为 TA（19 秒）和 TB（39 秒）；输出的时间显示信号为 QA 和 QB；文件名为 JSBLOCK。参考程序如下：

```
LIBRARY IEEE;
  USE IEEE.STD_LOGIC_1164.ALL;
  USE IEEE.STD_LOGIC_UNSIGNED.ALL;
ENTITY JSBLOCK IS
   PORT(CLR,LDN,EN,CLK: IN STD_LOGIC;
        TA,TB: IN STD_LOGIC;
        QA: OUT STD_LOGIC_VECTOR(3 DOWNTO 0);
        QB: OUT STD_LOGIC_VECTOR(3 DOWNTO 0));
END ENTITY JSBLOCK;
ARCHITECTURE ART OF JSBLOCK IS
  BEGIN
   PROCESS(CLR,CLK) IS
     VARIABLE TMPA: STD_LOGIC_VECTOR(3 DOWNTO 0);
     VARIABLE TMPB: STD_LOGIC_VECTOR(3 DOWNTO 0);
   BEGIN
     IF CLR='1' THEN TMPA:="1001"; TMPB:="0101";
       ELSIF CLK'EVENT AND CLK='1' THEN
        IF LDN='1' THEN
         IF   TA='1'   THEN
           TMPB:="0001";
         END IF;
         IF   TB='1' THEN
          TMPB:="0011";
         END IF;
        ELSIF EN='1' THEN
         IF TMPA="0000" THEN
           IF TMPB/="0000" THEN
            TMPA:="1001";
            TMPB:=TMPB-1;
           END IF;
         ELSE TMPA:=TMPA-1;
           END IF;
          END IF;
     END IF;
     QA<=TMPA; QB<=TMPB;
   END PROCESS;
END ARCHITECTURE ART;
```

编译成功后建立波形文件，根据题意编辑输入信号的波形，编辑完成并保存文件后进行仿真。计时模块的仿真波形如图 6-18 所示。

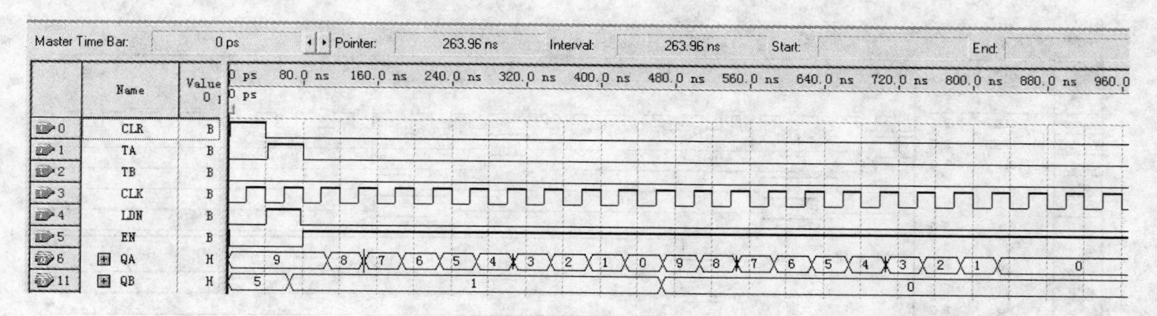

图 6-18　计时模块的仿真波形

5．显示模块

由时间显示、组别显示和计分显示模块组成，时间显示和计分显示采用 7 段数码管静态显示，可调用简易数字频率计中生成的译码显示模块元件 DISP.VHD；组别显示使用发光二极管。

6.5.3　项目实现

1．顶层文件设计

这里采用原理图设计方式，文件名为 ZLQDQ。

（1）生成元件。将已经编译成功并通过波形仿真验证的第一信号鉴别模块、计分模块和计时模块分别生成元件，以备顶层文件调用。

（2）新建项目。在项目建立向导的添加文件对话框中输入 ZLQDQ.bdf，单击“Add”按钮，添加该文件；再单击添加文件对话框的 File name 右侧的按钮，依次添加第一信号鉴别模块 XHJB.VHD、计分模块 JFBLOCK.VHD、计时模块 JSBLOCK.VHD 和译码显示模块 DISP.VHD。

（3）建立图形编辑文件，调入相关元件，连接完成后的电路原理图如图 6-19 所示。

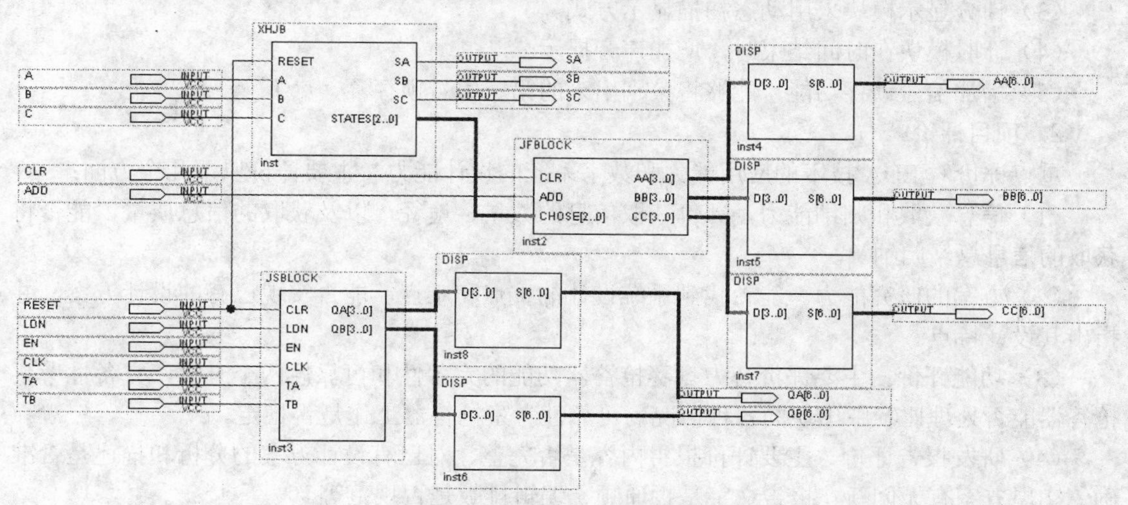

图 6-19　智力竞赛抢答器原理图

编译成功后建立波形文件，按照抢答时可能出现的各种情况编辑输入信号的波形，编辑完成并保存文件后进行仿真。智力竞赛抢答器的仿真波形如图 6-20 所示。

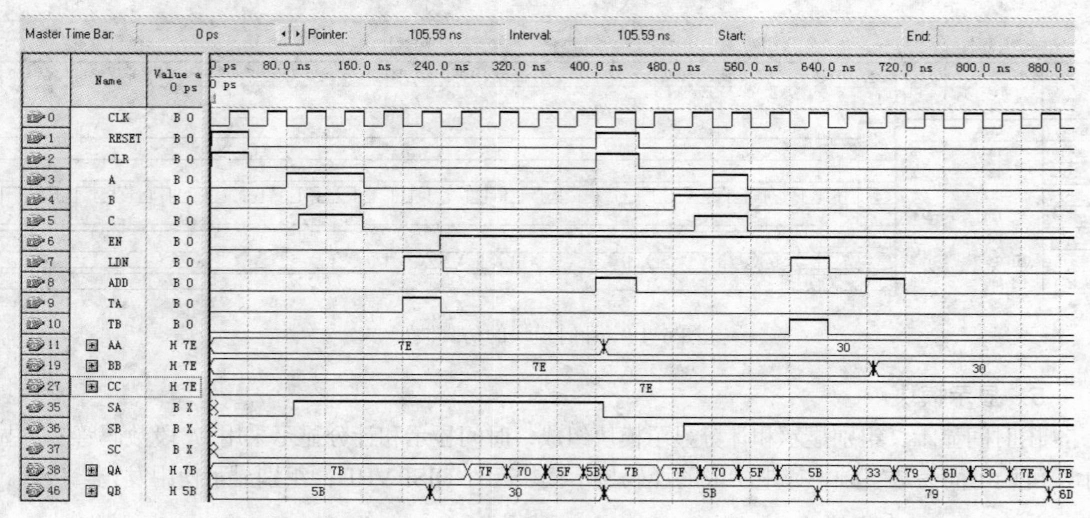

图 6-20　智力竞赛抢答器的仿真波形

2．系统的硬件验证

系统通过仿真后，可根据 EDA 实验开发平台的实际情况，选择可编程逻辑器件，锁定管脚进行编程下载，在实验平台上验证系统的功能。

6.5.4　功能扩展与项目评价

1．功能扩展

在完成项目的任务要求后，考虑以下内容：

（1）参赛选手增加到 4 组。

（2）计分模块增加减分功能。

（3）计分显示模块采用动态扫描显示方式。

（4）计时模块在时间结束时，增加声音提示。

（5）增加信号锁存功能，能够将鉴别出来的第一信号锁存。

2．项目评价

重点评价对 EDA 技术的应用能力和数字系统的设计能力，主要评价以下几个方面：

（1）信息获取和归纳能力。评价获取信息的数量、途径，以及获取的信息质量，能否将获取的信息总结归纳等。

（2）方案的研究能力。能否找到系统设计的重点和难点，能否实现已有的设计方案，并指出其设计特点。

（3）功能评价。主要评价智力竞赛抢答器功能的完备性和可靠性两个方面，完备性考察抢答器能否处理比赛中出现的各种情况；可靠性考察抢答器工作是否稳定。

（4）研发报告评价。主要评价报告内容是否完整、对已有设计方案的分析和描述是否准确、实现方案有无创新、报告文字是否通顺、编辑排版是否规范等。

（5）答辩过程评价。主要评价对设计方案的理解程度如何？思路是否清晰？回答问题是否准确？语言是否流畅等。

部分习题答案

第1章

1.（1）CAD　EDA　SOPC　（2）VHDL　Verilog-HDL　（3）不会丢失　丢失　（4）SPLD　CPLD　FPGA　（5）·　×

2.（1）D　（2）D　（3）C　（4）C

3.（1）$Y = AB + \overline{A}C + A\overline{C}$　（2）$Y = AB + \overline{BC} + A\overline{C}$　（3）$Y = B\overline{C} + \overline{A}C + \overline{A}B + A\overline{B}$

4. $Y = A \oplus B \oplus C \oplus D$　四位奇检验器

5. a）$\begin{cases} Q^{n+1} = Q^n & CP \neq 上升沿 \\ Q^{n+1} = A + B & CP = 上升沿 \end{cases}$　b）$\begin{cases} Q^{n+1} = Q^n & CP \neq 上升沿 \\ Q^{n+1} = \overline{AB} \oplus Q^n & CP = 上升沿 \end{cases}$

第2章

1.（1）文本　符号　波形　（2）自动选择　（3）编译　（4）并行接口　（5）管脚锁定

2.（1）B　（2）A　（3）B　（4）C　（5）A　（6）B

第3章

1.（1）实体　结构体　程序包　实体　结构体　（2）IEEE　（3）逻辑结构　逻辑功能　（4）IN　OUT　INOUT　BUFFER　（5）单引号　（6）字母　（7）常量　变量　信号　（8）局部量

2.（1）D　（2）D　（3）A　（4）D　（5）A　（6）C　（7）C　（8）D　（9）B　（10）D　（11）A　（12）B　（13）D　（14）A　（15）D

第4章

1. 电路实现的逻辑功能是4选1数据选择器，其中 A_1 和 A_0 为数据选择端、D_0~D_3 为数据输入端、Y为数据输出端。

2. 能够实现四进制计数。

3. 程序表达的逻辑功能是1对2数据分配器，其中Data为数据输入端、S为数据选择端、Y0为数据输出端（S=0）、Y1为数据输出端（S=1）。

第5章

1. 程序设计的是8选1数据选择器，其中d7～d0为数据输入端、s2～s0为数据选择端、y为数据输出端。当s2s1s0=000时，d0数据被选中，输出y=d0；当s2s1s0=001时，d1数据被选中，输出y=d1；依此类推。

2. 程序设计的是4位二进制数据比较器，其中A和B是两个4位二进制数据，当A>B时，输出端GT=1；A<B时，输出端LT=1；A=B时，输出端EQ=1。

3. 程序设计的是8个二输入端与门电路，其中ABIN7~ABIN0和DIN7~DIN0为8个与门的输入端、DOUT7～DOUT0为输出端。

4. 设时钟脉冲输入端为CLK、复位端为RESET、分频信号输出端为DIV10和DIV18，实体名为DOUBDIV。参考程序如下：

```
LIBRARY IEEE;
  USE IEEE.STD_LOGIC_1164.ALL;
  USE IEEE.STD_LOGIC_UNSIGNED.ALL;
ENTITY DOUBDIV IS
   PORT(CLK : IN STD_LOGIC;
         RESET : IN STD_LOGIC;
       DIV10,DIV18 : OUT STD_LOGIC);
END ENTITY DOUBDIV;
ARCHITECTURE ART OF DOUBDIV   IS
   SIGNAL   COUNT10 : STD_LOGIC_VECTOR(2 DOWNTO 0);
SIGNAL   COUNT18 : STD_LOGIC_VECTOR(3 DOWNTO 0);
   SIGNAL   CLKTEP10 : STD_LOGIC;
SIGNAL   CLKTEP18 : STD_LOGIC;
 BEGIN
   PROCESS(RESET,CLK)
    BEGIN
     IF   RESET='1'   THEN                          --异步清零，高电平有效
      CLKTEP10<='0';
    ELSIF   RISING_EDGE(CLK) THEN                   --判断 CLK 的上升沿
      IF   COUNT10="100"   THEN
        COUNT10 <= "000";                           --计数到（N / 2）-1（N=10）就清零
        CLKTEP10 <=NOT CLKTEP10 ;                   --输出信号翻转，形成前半个周期
      ELSE
        COUNT10<=COUNT10+1;
      END IF;
    END IF;
  END PROCESS;
PROCESS(RESET,CLK)
   BEGIN
    IF   RESET='1'   THEN                           --异步清零，高电平有效
      CLKTEP18<='0';
    ELSIF   RISING_EDGE(CLK) THEN                   --判断 CLK 的上升沿
     IF   COUNT18="1000"   THEN
        COUNT18 <= "0000";                          --计数到（N / 2）-1（N=18）就清零
        CLKTEP18 <=NOT CLKTEP18;                    --输出信号翻转，形成前半个周期
     ELSE
        COUNT18<=COUNT18+1;
     END IF;
    END IF;
  END PROCESS;
DIV10<= CLKTEP10; DIV18<= CLKTEP18;
END ARCHITECTURE ART;
```

5．设时钟脉冲输入端为 CLK、按键输入端为 KEYIN、扫描信号输入端为 SCAN、数字按键输出端为 DATAOUT、功能按键输出端为 FUNOUT、数字按键输出标志为 DFLAG、功能按键输出标志为 FFLAG，实体名为 SCANJP44。参考程序如下：

```
LIBRARY IEEE;
   USE IEEE.STD_LOGIC_1164.ALL;
   USE IEEE.STD_LOGIC_UNSIGNED.ALL;
ENTITY   SCANJP44   IS
   PORT (CLK    :    IN STD_LOGIC;
         KEYIN : IN STD_LOGIC_VECTOR(3 DOWNTO 0);                    --译码线输入端
          SCAN : OUT STD_LOGIC_VECTOR(3 DOWNTO 0);                   --扫描线输出端
         DATAOUT : OUT STD_LOGIC_VECTOR(3 DOWNTO 0);                 --数字按键输出
         FUNOUT    : OUT STD_LOGIC_VECTOR(3 DOWNTO 0);               --功能按键输出
         DFLAG :    OUT STD_LOGIC;                                   --数字输出标志
         FFLAG :    OUT STD_LOGIC);                                  --功能输出标志
END ENTITY SCANJP44;
ARCHITECTURE ART OF SCANJP44 IS
  SIGNAL CNT : STD_LOGIC_VECTOR(1 DOWNTO 0);
  SIGNAL D,F : STD_LOGIC_VECTOR(3 DOWNTO 0);          --数字、功能按键译码值寄存器
  SIGNAL DF,FF : STD_LOGIC;                           --数字、功能按键标志值
  SIGNAL Z:STD_LOGIC_VECTOR(5 DOWNTO 0);              --扫描得到的键码
BEGIN
    PROCESS(CLK)                                      --产生扫描信号 CNT
      BEGIN
        IF CLK'EVENT AND CLK='1' THEN
          IF CNT="11" THEN
              CNT<="00";
          ELSE
              CNT<=CNT+'1';
          END IF;
        END IF;
      END PROCESS;
 SCAN<="1110" WHEN CNT="00"    ELSE
        "1101" WHEN CNT="01"    ELSE
        "1011" WHEN CNT="10"    ELSE
        "0111" WHEN CNT="11"    ELSE
        "1111";
 PROCESS(CLK, CNT,KEYIN)
   BEGIN
     Z<=CNT & KEYIN;                                  --连接扫描信号和译码信号
 --数字按键译码
    IF CLK'EVENT AND CLK='1' THEN
      CASE Z IS
        WHEN "001011"=>D<="0000";              --0
        WHEN "110111"=>D<="0001";              --1
        WHEN "111011"=>D<="0010";              --2
        WHEN "111101"=>D<="0011";              --3
        WHEN "100111"=>D<="0100";              --4
        WHEN "101011"=>D<="0101";              --5
        WHEN "101101"=>D<="0110";              --6
```

```
            WHEN "010111"=>D<="0111";                    --7
            WHEN "011011"=>D<="1000";                    --8
            WHEN "011101"=>D<="1001";                    --9
            WHEN OTHERS =>D<="1111";
          END CASE;
        END IF;
        --功能按键译码
        IF CLK'EVENT AND CLK='1' THEN
          CASE Z IS
           WHEN "111110"=>F<="0000";                    --功能键 F0
           WHEN "101110"=>F<="0001";                    --功能键 F1
           WHEN "011110"=>F<="0010";                    --功能键 F2
           WHEN "001110"=>F<="0011";                    --功能键 F3
           WHEN "001101"=>F<="0100";                    --功能键 F4
           WHEN "000111"=>F<="0101";                    --功能键 F5
           WHEN OTHERS =>F<="1111";
          END CASE;
        END IF;
      END PROCESS;
     --产生数字标志 DF 及功能标志 FF
     DF<=NOT(D(3) AND D(2) AND D(1) AND D(0));
     FF<=NOT(F(3) AND F(2) AND F(1) AND F(0));
     --连接管脚
     DATAOUT<=D;
     FUNOUT<=F;
     DFLAG<=DF;
     FFLAG<=FF;
    END ARCHITECTURE ART;
```

6．设 4 位 BCD 码输入端为 D、7 位输出端为 S，实体名为 SDISP。参考程序如下：

```
LIBRARY IEEE;
  USE IEEE.STD_LOGIC_1164.ALL;
ENTITY   SDISP   IS
  PORT ( D : IN      STD_LOGIC_VECTOR(3 DOWNTO 0);
          S : OUT    STD_LOGIC_VECTOR(6 DOWNTO 0));
  END SDISP;
ARCHITECTURE A OF SDISP IS
  BEGIN
    PROCESS(D)
     BEGIN
      CASE D IS
       WHEN "0000"=>S<="1111110";        --0
       WHEN "0001"=>S<="0110000";        --1
       WHEN "0010"=>S<="1101101";        --2
       WHEN "0011"=>S<="1111001";        --3
       WHEN "0100"=>S<="0110011";        --4
```

```
            WHEN "0101"=>S<="1011011";     --5
            WHEN "0110"=>S<="1011111";     --6
            WHEN "0111"=>S<="1110000";     --7
            WHEN "1000"=>S<="1111111";     --8
            WHEN "1001"=>S<="1111011";     --9
            WHEN "1010"=>S<="1110111";     --A
            WHEN "1011"=>S<="0011111";     --b
            WHEN "1100"=>S<="1001110";     --C
            WHEN "1101"=>S<="0111101";     --d
            WHEN "1110"=>S<="1001111";     --E
            WHEN "1111"=>S<="1000111";     --F
            WHEN OTHERS=>S<="0000000";
          END CASE;
        END PROCESS;
    END A;
```

7．设数据输入端为 DATAIN、数据输出端为 DATAOUT、读地址为 RADDR、写地址为 WADDR、读控制线为 RE、写控制线为 WE，实体名为 SRAM16。参考程序如下：

```
LIBRARY IEEE;
 USE IEEE.STD_LOGIC_1164.ALL;
 USE IEEE.STD_LOGIC_UNSIGNED.ALL;
ENTITY SRAM16 IS
  PORT(CLK        :  IN STD_LOGIC;
       WE,RE      :  IN STD_LOGIC;    --写、读信号，高电平有效
       DATAIN     :  IN STD_LOGIC_VECTOR(7 DOWNTO 0);
       WADDR      :  IN STD_LOGIC_VECTOR(3 DOWNTO 0);
       RADDR      :  IN STD_LOGIC_VECTOR(3 DOWNTO 0);
       DATAOUT    :  OUT STD_LOGIC_VECTOR(7 DOWNTO 0));
END SRAM16;
ARCHITECTURE ART OF SRAM16  IS
   TYPE MEM IS ARRAY(15 DOWNTO 0) OF
      STD_LOGIC_VECTOR(7 DOWNTO 0);          --自定义 16×8 数组 RAMTMP
   SIGNAL RAMTMP : MEM;
 BEGIN
  WR: PROCESS(CLK)                  --写进程
    BEGIN
     IF CLK'EVENT AND CLK='1' THEN
      IF WE='1' THEN
        RAMTMP(CONV_INTEGER(WADDR))<=DATAIN;    --写入数据
      END IF;
     END IF;
   END PROCESS WR;
RR:PROCESS(CLK)              --读进程
    BEGIN
     IF CLK'EVENT AND CLK='1' THEN
      IF RE='1' THEN
```

```
        DATAOUT<=RAMTMP(CONV_INTEGER(RADDR));   --读出数据
      END IF;
    END IF;
  END PROCESS RR;
END ART;
```

8．设时钟脉冲输入端为 CLK、异步清零端为 CLR、同步置数端为 LDN、计数使能端为 EN、置数数据输入端为 D、计数输出端为 Q，实体名为 CNT6。参考程序如下：

```
LIBRARY IEEE;
 USE IEEE.STD_LOGIC_1164.ALL;
 USE IEEE.STD_LOGIC_UNSIGNED.ALL;
ENTITY CNT6 IS
 PORT(CLK,CLRN,ENA,LDN : IN STD_LOGIC;
           D : IN STD_LOGIC_VECTOR(3 DOWNTO 0);
           Q : OUT STD_LOGIC_VECTOR(3 DOWNTO 0);
        COUT : OUT STD_LOGIC);          --进位端
END CNT6;
ARCHITECTURE one OF CNT6 IS
 SIGNAL TEMPQ : STD_LOGIC_VECTOR(3 DOWNTO 0) :="0000";
 BEGIN
  PROCESS(CLK,CLRN,ENA,LDN)
   BEGIN
    IF CLRN='0' THEN TEMPQ<="0000";
     ELSIF CLK'EVENT AND CLK='1' THEN
      IF LDN='0' THEN TEMPQ<=D;
       ELSE
        IF ENA='1' THEN
         IF TEMPQ<5 THEN TEMPQ<=TEMPQ+1;
          ELSE TEMPQ<="0000";
         END IF;
        END IF;
      END IF;
    END IF;
   Q<=TEMPQ;
  END PROCESS;
 COUT<=NOT (TEMPQ(0) AND TEMPQ(2));
END one;
```

参 考 文 献

[1] 潘松. EDA 技术实用教程[M]. 北京：科学出版社，2002.
[2] 李国丽. EDA 与数字系统设计[M]. 北京：机械工业出版社，2004.
[3] 顾斌. 数字电路 EDA 设计[M]. 西安：西安电子科技大学出版社，2004.
[4] 于润伟. 数字系统设计与 EDA 技术[M]. 北京：机械工业出版社，2006.
[5] J 帕尔默. 数字系统导论[M]. 陈文楷，徐萍萍，译. 北京：科学出版社，2002.
[6] 谭会生，瞿遂春. EDA 技术综合应用实例与分析[M]. 西安：西安电子科技大学出版社，2004.
[7] 江国强. EDA 技术习题与实验[M]. 北京：电子工业出版社，2005.
[8] 宋万杰. CPLD 技术及其应用[M]. 西安：西安电子科技大学出版社，1999.
[9] 姜雪松，刘东升. 硬件描述语言 VHDL 教程[M]. 西安：西安交通大学出版社，2004.
[10] 韩振振. 数字系统设计方法[M]. 大连：大连理工大学出版社，1992.
[11] 徐志军. CPLD/FPGA 的开发与应用[M]. 北京：电子工业出版社，2002.
[12] 于枫. ALTERA 可编程逻辑器件应用技术[M]. 北京：科学出版社，2004.